普通高等教育公共基础课系列教材

工匠精神与劳动教育教程

主　编　曹胜强

副主编　侯宗华　傅金兰　刘书玉

主　审　安　涛

科学出版社

北　京

内 容 简 介

本书以《中共中央 国务院关于全面加强新时代大中小学劳动教育的意见》和教育部印发的《大中小学劳动教育指导纲要（试行）》的文件精神为指导，以大学生的认知特点和认知水平为基础编写而成。全书共 10 章，主要内容包括：工匠精神与匠心文化、新时代工匠精神、新时代大学生工匠精神的品质锻造、劳动与劳动教育、劳动及其价值观的发展、新时代坐标中的劳动精神、职业道德、劳模精神、新时代大学生创新创业教育和走进大学生劳动实践。为了激发学生的学习兴趣和深度思考能力，在每章章末设置了"深入思考"和"推荐阅读"模块。

本书可作为应用型本科院校和职业院校劳动教育课程的教材。

图书在版编目（CIP）数据

工匠精神与劳动教育教程 / 曹胜强主编. —北京：科学出版社，2024.1
（普通高等教育公共基础课系列教材）
ISBN 978-7-03-077200-8

Ⅰ. ①工… Ⅱ. ①曹… Ⅲ. ①职业道德-高等学校-教材②劳动教育-高等学校-教材 Ⅳ. ①B822.9②G40-015

中国国家版本馆 CIP 数据核字（2023）第 225840 号

责任编辑：吕燕新 都 岚 / 责任校对：赵丽杰
责任印制：吕春珉 / 封面设计：东方人华平面设计部

科学出版社 出版
北京东黄城根北街 16 号
邮政编码：100717
http://www.sciencep.com
三河市骏杰印刷有限公司印刷
科学出版社发行 各地新华书店经销
*
2024 年 1 月第 一 版 开本：787×1092 1/16
2024 年 8 月第二次印刷 印张：12 1/2
字数：242 000
定价：45.00 元
（如有印装质量问题，我社负责调换）
销售部电话 010-62136230 编辑部电话 010-62135319-8032

本书编委会

主　编　曹胜强

副主编　侯宗华　傅金兰　刘书玉

参　编　刘　莉　史大丰　王博文　安洪涛

　　　　　徐愫芬　陈　明　朱海荣　王加迎

主　审　安　涛

前　言

习近平总书记在党的二十大报告中强调："统筹推动文明培育、文明实践、文明创建，推进城乡精神文明建设融合发展，在全社会弘扬劳动精神、奋斗精神、奉献精神、创造精神、勤俭节约精神，培育时代新风新貌。"本书以习近平新时代中国特色社会主义思想为指导，按照中共中央、教育部关于劳动教育的总体要求，针对应用型高校劳动教育改革的现实需要编写而成。

劳动是人类最基本的社会实践活动。劳动塑造了中华民族勤劳勇敢、自强不息的精神品格，"筚路蓝缕，以启山林"正是先民开启文明之旅的真实写照，"民生在勤，勤则不匮"正是古代劳动人民奔向小康社会的必由之路。劳动为先民提供物质基础的同时，也成为先民认识自然、改造自然、自我进化的重要途径。劳动深化了先民对自然规律的认识，积累了丰富的知识和经验，创造了宝贵的科学技术和文化成果。在观物取象、制器尚象的造物过程中，涌现出墨子、鲁班等科技巨匠，诞生了指南针、造纸术等惠及世界的伟大发明，形成了利民厚生、守正创新的工匠精神，劳动基因在中华民族血脉中赓续传承。

劳动教育是中国特色社会主义教育制度的重要内容，将劳动教育纳入人才培养的全过程，纳入培养社会主义建设者和接班人的总体要求之中，是新时代党对教育事业的新要求，是立德树人的重要举措，是对中华民族赓续千年的劳动精神和工匠精神的继承和发展，是马克思主义劳动观的重大发展。高校是劳动教育的重要主体，劳动教育进高校是对高等教育"培养什么人、怎样培养人、为谁培养人"这一教育根本问题的直接回答。劳动教育贯穿高校教育全过程，推动劳动教育进教材进课堂进头脑是加快构建高校劳动教育体系的关键环节。

本书重点突显了中华民族千百年来在劳动中形成的工匠精神、劳动精神及古代中国取得的科学技术成果，以及劳动在推动社会进步方面发挥的根本作用。本书从历史逻辑上阐述了劳动的伟大历史意义；系统阐释了劳动、劳动教育的基本内涵，新中国劳动教育的发展历程、新时代劳动教育的价值使命，马克思主义劳动观。从理论逻辑上阐述了劳动教育的核心要义；全面加强新时代大学生职业道德教育、劳模精神教育、创新创业教育建设的路径和方法。从实践逻辑上阐述了高校劳动教育的目标要求，对于培养担当民族复兴大任的时代新人，提升大学生的劳动价值取向、劳动精神面貌、劳动技能水平、创新思维、创造能力和创业素养有着积极的教育和引导作用。

本书由曹胜强担任主编，由侯宗华、傅金兰、刘书玉担任副主编，刘莉、史大丰、王博文、安洪涛、徐愫芬、陈明、朱海荣、王加迎参与编写。具体分工如下：曹胜强负责全书大纲、体例的制定和最终统稿工作；侯宗华负责全书的统稿、校对工作；史大丰编写第一章、第二章，刘书玉编写第三章，徐愫芬编写第四章，陈明编写第五章，傅金兰编写第六章，朱海荣编写第七章，安洪涛编写第八章，王博文、王加迎编写第九章，刘莉编写第十章。此外，在本书编写过程中，安涛教授提出了许多建设性意见，在此致以诚挚的感谢。本书在编写过程中引用和借鉴了一些学术著作、研究成果和网络资源，在此也向相关作者表示由衷的感谢。

由于时间仓促，编者水平有限，书中难免存在疏漏和不足之处，恳请广大读者批评指正。

目 录

第一章
工匠精神与匠心文化

学习目标

1. 了解工匠精神与匠心文化的历史渊源和发展历程。
2. 理解古代工匠精神的特点和内涵。

本章导读

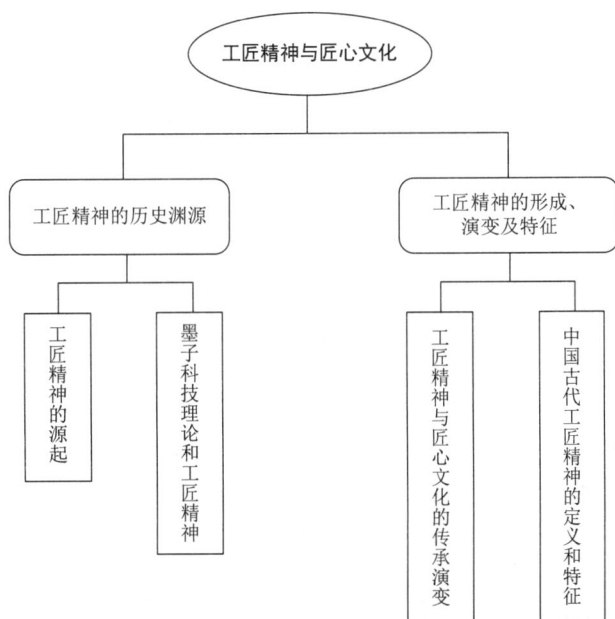

⊙问题导入⊙

中国古代领先的科技

中国有着世界上伟大的四大发明：造纸术、指南针、火药和印刷术。中华民族勤劳、勇敢、充满智慧，且有着突出的创新性。在坦普尔的《中国：发明与发现的国度·西方受惠于中国》、李约瑟的《中国科学技术史》等西方学者的文献中，都用实例列举了中国古代的发明创造，如马镫的发明、伞的发明等，这既充分说明了中华民族的聪明才智，也说明了中国古代科技领先于世界。

思考：

中国古代科技领先于世界的原因是什么？

第一节 | 工匠精神的历史渊源

一、工匠精神的源起

（一）工匠精神源起于劳动和工作

《诗经·卫风·淇奥》用"切磋琢磨"概括了古代匠人们在对骨头、象牙、玉石等进行切料、糙锉、细刻、磨光时所表现出来的认真制作、一丝不苟的精神。宋代朱熹在《四书章句集注》中云："言治骨角者，既切之而复磋之；治玉石者，既琢之而复磨之；治之已精，而益求其精也。"[①]这些真实的记载生动地反映了我国工匠精神源远流长的历史。中国自古是农业大国，有着悠久的手工业传统，技艺精湛的鲁班、"游刃有余"的庖丁、衣被天下的黄道婆、铸剑鼻祖欧冶子等能工巧匠都是古代工匠的代表。

《说文解字》曰："工，巧饰也。象人有规矩也。"工具是工匠标准的重要载体。《考工记》曰："百工之事，皆圣人之作也。"[②]又曰："知者创物，巧者述之；守之世，谓之

---

① 朱熹，2016. 四书章句集注[M]. 北京：中华书局.
② 孙诒让，2015. 周礼正义[M]. 汪少华，整理. 北京：中华书局.

工。"工匠的层次在《考工记》中分为知者、巧者。发明创造的工匠是"知者",是"圣人之作",普通的工匠则是"巧者"。人类劳动时,在满足吃、穿、住、行等基本需求后,往往对产品质量、生活品质有更高的追求。工匠精神为产品品质和工程规范的保证提供了精神力量。墨子和鲁班是中国古代工匠的代表人物,我们将墨子和鲁班的工匠精神合称为"墨班工匠精神"。李立新认为,规范化是设计的一个重要原则,造物设计通过规范、标准的制定和贯彻的形式来规划、组织、安排、管理、监督和检测,以确保其产品生产的速度、质量和实效。[①]

宋代李诫《营造法式》云:"臣闻'上栋下宇',《易》为'大壮'之时;'正位辨方',《礼》实太平之典。'共工'命于舜日;'大匠'始于汉朝。各有司存,按为功绪。"韩非子在《五蠹》中提到了最早钻木取火的燧人氏、最早建造房屋的有巢氏,他们都是远古创物的典范。工匠要做到"工正",即不偏不倚为"正"。自古工匠就有陶正、木正、车正等管理岗位。《周礼》六官中的冬官为"司空",汉代的"少府"位列九卿之一,管理工匠和器物,直到隋唐成为六部中的"工部"。

(二)先秦技术思想

儒家和道家以工匠技艺为"奇技淫巧"。《道德经》云:"人多伎巧,奇物滋起。"《论语》云:"虽小道,必有可观者焉,致远恐泥,是以君子不为也。"《管子》云:"古之良工,不劳其知巧以为玩好。"儒家认为,文人志士的最高理想应该是"治国平天下",小的技艺,对治国的大道似乎帮助不大。儒家文献《礼记·檀弓下》记载:"季康子之母死,公输若方小。敛,般请以机封,将从之。公肩假曰:'不可!夫鲁有初,公室视丰碑,三家视桓楹。般,尔以人之母尝巧,则岂不得以?其毋以尝巧者乎?则病者乎?噫!'弗果从。"意思是鲁国季康子的母亲去世了,由于公输若年龄小,鲁班建议用机械下葬,遭到公肩假的反对,认为这时用机械之巧来下葬是对死者的不尊重。这个故事一方面说明儒家对工匠技术在礼仪上的使用持谨慎态度;另一方面说明鲁班的技艺高超,在春秋战国之际就掌握了机械下葬的技术。《庄子》中的"圃者拒机"故事说:"有机械者必有机事,有机事者必有机心。机心存于胸中则纯白不备,纯白不备则神生不定,神生不定者,道之所不载也。"尽管如此,庄子也承认工匠技艺依然蕴含着丰富的哲理。

---

① 李立新,2004. 中国设计艺术史论[M]. 天津:天津人民出版社.

二、墨子科技理论和工匠精神

（一）墨子和工匠精神

墨子（前476—前390），战国初期重要的思想家、教育家、科学家、军事家，墨家学派创始人，其墨家学说主张"兼爱""非攻""尚贤""尚同""非命""非乐""节葬""节用"等观点。墨家根植于工匠阶层，工匠精神是其核心思想。《墨子·法仪》云："虽至士之为将相者，皆有法，虽至百工从事者，亦皆有法。百工为方以矩，为圆以规，直以绳，正以悬，平以水。无巧工不巧工，皆以此五者为法。巧者能中之，不巧者虽不能中，仿依以从事，犹逾己。故百工从事，皆有法所度。"《韩非子》云："无规矩之法，绳墨之端，虽王尔不能以成方圆。"墨子对规则和标准的追求是工匠精神的基础，其主要思想保留在《墨子》一书中，《墨子》中的《墨经》是有关中国古代科技和工匠精神的开山之作，对中国古代科技和逻辑思维、科学精神的发展具有深远影响。《墨经》共有《经上》《经下》《经说上》《经说下》《大取》《小取》6篇，其中《经上》是墨家前有所承的官家工匠之书。《墨子·经上》云："巧转则求其故……法同，则观其同。"《墨经·小取》云："夫辩者，将以明是非之分，审治乱之纪，明同异之处，察名实之理，处利害，决嫌疑。"就是说要明确概念和定义。又云："焉摹略万物之然，论求群言之比。以名举实，以辞抒意，以说出故。以类取，以类予。"就是说要运用实验的方法，以物取象，进行归纳分析，探求事物内部的规律和本质。在两千多年前的先秦时期，《墨经》就给点、线、面、体等几何图形作出了科学的定义，在数学上的成就达到了当时的高峰。

1. 墨家科技理论：数学

（1）关于倍数的概念

①"倍，为二也。"（倍是将原来的数乘以二。）

②"倍：二尺与尺，但去一。"（如两尺和一尺，相差一倍分量。）

（2）关于数位的概念

①"一少于二而多于五，说在建。"（"一"比"二"少，而比"五"多，这是将"一"放在更高数位上时的情况），与算盘数位思想相同，但算盘是在宋代才流行的。

②"一：五有一焉；一有五焉；十，二焉。"（"一"："五"之中包含"一"，是将"一"放在低数位上；"一"又包含更低数位的"五"；如十位上的"一"包含两个"五"。）

（3）关于端点的概念

①"端，体之无序（厚）而最前者也。"（端是没有首尾方向的物体最靠前的地方。）

②"端：是无同也。"（与该物体上其他部分都不同。）

"端"没有厚度和长宽，同欧几里得几何学中对"点"的定义一致。

（4）关于对称相等的概念

①"中，同长也。"（从对称性形体的对称中心到各对称点的长度都相等。此条也有译作：中点是线段上距离两端相等的点。）

②"心中自是往相若也"（中心是到各端距离相等的点。）

（5）关于圆的概念

①"圜（圆），一中同长也。"[圆是指从圆心到圆周上的各点距离（即半径）都相等的几何图形。]清代陈澧《东塾读书记·诸子》云："《几何原本》云：'圜之中处一圜心，一圜惟一心，无二心；圜界至中心作直线俱等。'即此所谓'一中同长'也。"

②"圜：规写支也。"（圆是用圆规画的起点和终点交合的图形。）

（6）关于正方形的概念

①"方，柱隅四讙也。"（正方形是指四边和四角都相等的四边形。）

②"方：矩见支也。"（正方形是用矩画方，边条交合则成方形。）

（7）关于平面或平行线的概念

"平，同高也。"（平就是高度相等。也有学者认为此"平"指平面。）

（8）关于形体空间的概念

①"厚，有所大也。"（厚是物体空间上的大小。）

②"厚：惟无所大。"（没有"厚"，就不能形成立体物体。）

（9）关于整体和部分之间关系的概念

①"体，分于兼也。"（部分是从整体中分出来的。）

②"体：若二之一、尺之端也。"（比如将一尺长的物体从中间分割为二，那么分割点就成了其端点。）

2. 墨家科技理论：物理学[①]

在物理学方面，《墨经》几乎涉及物理学的所有分支。墨子在公元前 5 世纪至公元前 4 世纪就曾研究光和影的关系及力学的相关内容。

---

① 周才珠，齐瑞端，2009. 墨子全译[M]. 修订版. 贵阳：贵州人民出版社.

（1）小孔成像和光学

《经下》云："景到在午，有端与景长，说在端。"《经说下》云："景：光之人煦若射，下者之人也高，高者之人也下。足敝下光，故成景于上；首敝上光，故成景于下。在远近有端，与于光，故景障内也。"这段是在说小孔成像的原理，之所以成倒像，是因为光线经过小孔时发生了交叉。因为只有中间一个小孔经过，源于上方的光会成影于下方，下方的光会成影于上方，这也间接说明光是沿直线传播的。

（2）力学

《经上》云："力，刑之所以奋也。"也就是说，力是物体加速运动的原因。《经说上》云："力，重之谓下、与重奋也。"解释了力与重力等效。这种论断与两千年后的伽利略、牛顿的理论极为接近。亚里士多德提出力是维持物体运动的原因，后来伽利略推翻亚里士多德的论断，并通过斜面实验推理得出：运动的物体在不受外力作用时，保持运动速度不变。

《经下》云："通过而不挠，说在胜。"《经说下》云："故招负衡木，加重焉而不挠，极胜重也。右校交绳，无加焉而挠，极不胜重也。衡，加重于其一旁，必捶，权重相若也。相衡，则本短标长。两加焉重相若，则标必下，标得权也。"

又《经下》云："挈（契）与枝板，说在薄。"《经说下》云："挈：有力也；引，无力也，不正。所挈之止于施也，绳制挈之也，若以锥刺之。挈，长重者下，短轻者上，上者愈得，下下者愈亡。绳直权重相若，则正矣。收，上者愈丧，下者愈得；上者权重尽，则遂挈。"

墨家关于光学、力学规律的总结，全部来自具体的劳动实践，是劳动者智慧的结晶。工巧致用的前提是总结和发现自然规律，继而顺应自然，通过发明杠杆、滑轮等机械装置，借助自然物理规律，达到事半功倍的效果，是工匠技术致用目的的体现。

3. 墨家科技制作：军备

（1）连弩车

连弩车见于《墨子·备高临》。连弩车是一种置于城墙上的城战武器。据后人研究，《墨子》所记连弩车是一部可同时放出大弩箭六十支或小弩箭无数的大型机械装置，一部连弩车需要十个人来操纵。连弩车最为巧妙的设计是，长为十尺的弩箭的箭尾用绳子系住，射出后能用辘轳迅速卷起收回。

（2）转射机

《墨子·备城门》云："转射机，机长六尺，貍一尺。两材合而为之辊，辊长二尺，中凿夫之为道臂，臂长至桓。二十步一，令善射之者佐，一人皆勿离。"

转射机是一种置于城墙上的大型发射机（可转动的弹石车），机长六尺，由两人操纵。由《说苑·善说》载惠子对梁王所问的描述"弹之状如弓，而以竹为弦"来看，应该是像车轮一般的"弹拨轮"平放，一人转动，使得弹拨竹片不断突破卡柱的限制，突然释放竹片的储蓄力量，把有节奏落下的石弹弹射出去。

（3）轒车

轒车为一种攻城战车，外面覆盖生牛皮，里面可以装载十人，推动它直抵城墙，既可躲避城墙上射来的箭，又可撞击或挖掘破坏墙体，堪称古代"坦克"。

（4）藉车

全车一部分埋在地下，由多人操纵，能够投掷炭火、石块等，是古代最早的投石机。

《墨子》最后十一篇中还有瓮听、灌水、防火城门、救火车及麻布水斗、革盆等记载。何炳棣在清华大学高等研究院讲演时评价墨家守城器械说："墨家所发明和改进的军事机械虽无法一一详考，但其最重要的发明之一，投石机的构造保存于《墨子》、《通典》和《武经备要》诸书。其威力之大，射程之远，命中率之高，部分地反映了它撑背（'夫'）长度的 30～35 尺。这在古代世界是无与伦比的。"墨子制造的车辖，装在承载货物的车轮上也不会坏。墨家的科技产品主要是器物制造，墨家的科技理论主要是为制作服务的。墨家善守御，其精湛的机械制造水平，是高超工匠技术的体现。

4. 造车

先秦时期的文献对奚仲造车的记载主要有《墨子》《管子》《荀子》《吕氏春秋》等。《墨子·非儒下》云："奚仲作车"。《管子·形势》云："奚仲之巧，非斫削也。"注曰："奚仲之巧贵其九车以载。"《吕氏春秋·君守》："奚仲作车。"注曰："奚仲，黄帝之后，任姓也。传曰：'为夏车正，封于薛。'"《管子·形势》中高度评价了奚仲造车："奚仲之为车器也，方圆曲直，皆中规矩钩绳，故机旋相得，用之牢利，成器坚固。"由考古发掘所见，夏代确实已有双轮车出现——1994 年，在河南偃师二里头遗址（二里头文化被确认为夏文化）Ⅻ区北部，发现一段二里头文化三期的双轮车辙印，辙印上口宽约 40 厘米，深约 15 厘米，轨距约 1.2 米，辙沟内的灰褐色土极为坚硬。[①]这就证明了二里头文化时期已经出现了双轮车。[②]此外，在郑州商城遗址曾出土两件铸造青铜车軎（青铜圆筒，套在车轴的两端。軎上有孔，用以纳辖）的陶范。[③]《荀子·解蔽》云：

① 杨锡璋，高炜，中国社会科学院考古研究所，2003. 中国考古学（夏商卷）[M]. 北京：中国社会科学出版社.

② 王学荣，张良仁，谷飞，1998. 河南偃师商城东北隅发掘简报[J]. 考古（6）：1-8.

③ 张巍，2006. 郑州商城研究[M]. 郑州：河南人民出版社.

"奚仲作车"。注曰:"黄帝时已有车服,故谓之轩辕,此云'奚仲'者,亦改制耳。"言原始社会末期已有车的雏形,至奚仲时加以改良。故《说文》云:"车,舆轮之总名,夏后时,奚仲所造。"《左传·定公元年》记载薛宰曰:"薛之皇祖奚仲居薛,以为夏车正"。

墨家对车的制造质量提出了很高要求。《墨子·鲁问》云:"公输子削竹木以为䧿(鹊),成而飞之,三日不下,公输子自以为至巧。子墨子谓公输子曰:'子之为䧿也,不如匠之为车辖(插在车轮轴孔中的车键,使轮子不会脱落)。须臾刘三寸之木,而任五十石之重。故所为功,利于人谓之巧,不利于人谓之拙。'"①《韩非子·外储说左上》云:"墨子为木鸢,三年而成,蜚一日而败。弟子曰:'先生之巧,至能使木鸢飞。'墨子曰:'吾不如为车輗[连接大车车杠与车衡(辕上横木)的一个部件]者巧也。用咫尺之木,不费一朝之事,而引三十石之任,致远力多,久于岁数。今我为鸢,三年成,蜚一日而败。'惠子闻之曰:'墨子大巧,巧为輗,拙为鸢。'"墨子否定制造"飞鸢"之巧,推崇制作车辖、车輗之用,一是贯彻了他的"节用"经济发展主张,二是表现出墨家对于造车质量的追求。

(二)《考工记》

《考工记》是战国时期齐国工匠经验的汇编,作为《冬官》被补入《周礼》。墨班工匠精神的重要渊源就是先秦主管营建的"司空"之职,是典章制度的一部分,成为礼制规范的一种。《考工记》是体现墨班工匠精神的重要文献,是在官方礼制规范下的器物标准和规范。《汉书·艺文志》云:"墨家者流,盖出于清庙之守。"所谓"清庙之守",即《考工记》中的"匠人"。②《考工记》云:"国有六职,百工与居一焉。"郑玄注:"百工,司空事官之属,于天地四时之职,亦处其一也。司空,掌营城郭,建都邑,立社稷宗庙,造宫室车服器械。"③

工匠需要有严谨的数理精神,有时具体的尺寸差之毫厘,谬以千里。《考工记》云:"车有六等之数:车轸四尺,谓之一等;戈柲六尺有六寸,既建而迤,崇于轸四尺,谓之二等;人长八尺,崇于戈四尺,谓之三等;殳长寻有四尺,崇于人四尺,谓之四等;车戟常,崇于殳四尺,谓之五等;酋矛常有四尺,崇于戟四尺,谓之六等。"《考工记》对车的各个部件的长度、高度进行了严格的规定,这些参数都是在长期实验的基础上,结合人体工程学,兼顾安全性和舒适性的考量,最终得出的结果。《考工记》的数字区

① 方勇,2015. 墨子[M]. 北京:中华书局.
② 高华平,2022. 墨家远源考论:先秦墨家与上古的氏族、部落及国家[J]. 文史哲(3):105-123.
③ 孙诒让,2015. 周礼正义[M]. 汪少华,整理. 北京:中华书局.

间多分为"六"段。又如《考工记》中保留了世界最早的合金配比文献,记载了我国古代创制的六种铜锡比例不同的合金成分配比,称之为"六齐"(见表1-1),是中国也是世界上最早的合金配制记载,故其科学价值为许多学者所关注。"齐","剂"也,就是混合物及其配方。实践得知,含锡达到25%以上的器物,脆弱且不能用,如果达到50%则稍碰即碎。

表1-1 《考工记》"六齐"表

合金名称	含铜比例	含锡比例
钟鼎之齐	5/6	1/6
斧斤之齐	4/5	1/5
戈戟之齐	3/4	1/4
大刃之齐	2/3	1/3
削杀矢之齐	3/5	2/5
鉴燧之齐	1/2	1/2

《考工记》云:"凡察车之道,必自载于地者始也,是故察车自轮始。凡察车之道,欲其朴属而微至。不朴属,无以为完久也;不微至,无以为戚速也。"这里的"微至"就是车轮与地面接触点越小,车轮越圆,对地面的切面越小,车就越快,而接触点小的前提就是车轮要做得非常圆。车轮如果不圆,就很难"微至",且影响车行驶的速度。

根据社会地位和身份的不同,器物也有不同等级,这正反映了《周礼》等级制度的管理理念。《考工记·弓人》云:"为天子之弓,合九而成规;为诸侯之弓,合七而成规;大夫之弓,合五而成规;士之弓,合三而成规。弓长六尺有六寸,谓之上制,上士服之。弓长六尺有三寸,谓之中制,中士服之。弓长六尺,谓之下制,下士服之。"有时,工匠的取材要结合地域特色,从而形成一些地方特色物产,如景德镇有优质的高岭土,就形成了瓷都。《考工记》云:"郑之刀,宋之斤,鲁之削,吴粤之剑,迁乎其地而弗能为良,地气然也。"由于原料产地不同,不同地区在某一种工匠技术方面有着不同的技艺水平。鲁班也在建筑过程中坚持就地取材、因地制宜,不劳师动众,不刻意追求建筑的豪华。

第二节 ┃ 工匠精神的形成、演变及特征

一、工匠精神与匠心文化的传承演变

工匠精神是匠心文化的组成部分。匠心文化有着比工匠精神更广的外延，匠心文化包括匠心、匠物、匠艺等内容，往往承载着工匠技艺的精神、物质特质。匠物是工匠精神的物质载体，往往带来审美体验的愉悦感，是工匠技术的结晶。匠艺是工匠技术制作过程中产生的工作经验、技术和标准，往往成为非物质文化遗产而加以保护。工匠往往致力于把简单的事物做到极致，甚至达到完美的境地，止于至善。匠心文化中的"心"主要指精益求精的决心、持之以恒的耐心、爱岗敬业的忠心、守正创新的信心。

中国匠心文化经历代传承和创新发展，形成了工匠创物、工匠手作、工匠制度和工匠精神相互关联的生态系统，体现了中国传统文化实用指向与审美品格相互融合的哲学内涵。"工匠创物"是指工匠的生存方式，表现为器物和工具等物质实体存在，是中华文明发展与繁荣的集中体现；"工匠手作"是匠心文化的重要组成部分，在词源学意义上包括"手工"（手的操作或劳作）和"手艺"（手的技艺或技巧），一部工匠文化史也是一部手工业史；"工匠制度"是匠心文化道德情感的具体运用和表现，如在我国古代有匠户制度和学徒制度；"工匠精神"是匠心文化的核心和灵魂，可概括为尚巧求新、执着专注的创造精神，精益求精、追求卓越的敬业精神，尽美至善、道技合一的精神境界。从手工业时代的手工制造，到工业时代的机器制造，再到信息时代的信息处理，虽然工匠技艺形式发生了变化，但以工匠精神为主要内容的匠心文化，具有永恒不变的特质。在工匠精神的传承演变中，其内容逐渐从早期的工匠技艺传承发展到今天的匠心文化传播。在长期的社会发展中，中国匠心文化不仅是社会价值观在文化形态层面与时俱进的体现，更是持之以恒的坚持及对品质的无限追求。

二、中国古代工匠精神的定义和特征

工匠精神是劳动者在产品制作过程中表现出的对产品质量和精湛技艺追求的精神

特质。工匠精神是一个民族、一个国家在工匠技术层面全面而整体的精神特质，而不是某一个工匠的高超技艺。古代工匠精神以"鲁班尺""墨斗""斗拱""榫卯"等木器、木工、建筑、机械制造类核心文化创意产品为载体，将观象造物、天人合一的造物理念和精雕细琢、精益求精的工匠技艺总结提高，体现了鲁班传统工匠工艺，凸显了古代工匠精神。中国古代工匠精神的特征主要有以下几点。

（一）天人合一、尊重自然

古代工匠有着严谨的操作规程和时序要求，如果违背时序，工艺和农业就会受到破坏性影响。《礼记·月令》云："命工师，令百工，审五库之量，金、铁、皮、革、筋、角、齿、羽、箭、干、脂、胶、丹、漆，毋或不良。百工咸理，临工日号：'毋悖于时，毋或作为淫巧以荡上心。'"就是说不同季节对原材料采集的质量会有影响。《周礼·天官·掌皮》云："掌皮，掌秋敛皮，冬敛革，春献之。遂以式法颁皮革于百工，共其毳毛为毡，以待邦事。岁终，则会其财赍。"工匠讲究人与自然的和谐统一。《考工记》云："天有时，地有气，材有美，工有巧，合此四者，然后可以为良。"《庄子·达生》云："梓庆削木为镰，镰成，见者惊犹鬼神。鲁侯见而问焉，曰：'子何术以为焉？'对曰：'臣，工人，何术之有！虽然，有一焉。臣将为镰，未尝敢以耗气也，必齐以静心。齐三日，而不敢怀庆赏爵禄；齐五日，不敢怀非誉巧拙；齐七日，辄然忘吾有四枝形体也。当是时也，无公朝，其巧专而外骨消；然后入山林，观天性，形躯至矣，然后成见镰，然后加手焉；不然则已。则以天合天，器之所以疑神者，其是与！'"[①]梓庆作钟架，浑然天成，没有斧凿的痕迹，让人有"鬼斧神工"之感。榫卯是鲁班锁的木质结构，被广泛应用于我国古代木制房屋转角和家具，是我国古代木匠的核心技术之一，是工匠精神的完美体现。有时精巧高超的人工甚至胜过天然形成，达到"巧夺天工"的境界。明代宋应星《天工开物》中的"开物"取自《周易·系辞上》的"开物成务"，"天工"一词则选自《尚书》的"天工人其代之"。古人认为，工匠造物其实是顺应了自然，发现了自然中的匠物。

东汉张衡《二京赋》云："规天矩地，授时顺乡。"《周髀算经》云："万物周事而圆方用焉，大匠造制而规矩设焉。"规矩之法贯通古代营造，是断度寻尺之本，被匠人奉为圭臬。《周髀算经》中的圆方图和方圆图（如图 1-1 所示），亦见于宋代李诚的《营造法式》。古人认为，天圆地方，圆中有方，方中有圆，这是古代工匠对自然界的认知，比如车轮是圆的，而车舆是方的。《周易》云："以言者尚其辞，以动者尚其变，以制器

---

① 方勇，2015. 庄子[M]. 北京：中华书局.

者尚其象，以卜筮者尚其占。"古人取象比类，依照天圆地方建造房屋。《考工记》云："轸之方也，以象地也；盖之圆也，以象天也；轮辐三十，以象日月也；盖弓二十有八，以象星也；龙旂九斿，以象大火也；鸟旟七斿，以象鹑火也；熊旗六斿，以象伐也；龟蛇四斿，以象营室也；弧旌枉矢，以象弧也。"中华民族优秀传统文化中的"天人合一"思想就是"天道"与"人道"的合一，是阴阳相对立的统一，阳中有阴，阴中有阳。

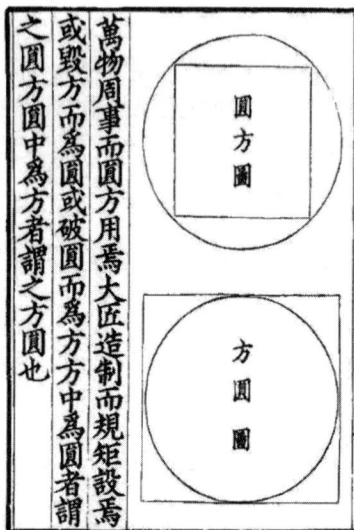

图 1-1　《周髀算经》中的圆方图和方圆图

（二）严谨求实、精准细致

《论语》云："治之已精，而益求其精也。"春秋战国时期的工匠技术精湛。例如，《荀子·强国》云："刑范正，金锡美，工冶巧，火齐得，剖刑而莫邪已。"又如，《吕氏春秋·孟冬纪》云："是月也，工师效功，陈祭器，按度程，无或作为淫巧，以荡上心，必功致为上。物勒工名，以考其诚。工有不当，必行其罪，以穷其情。"物勒工名，是我国古代一项一直使用的制度，指在器物上刻上工匠的名字，以保证产品的质量。唐代韩愈《进学解》中云："夫大木为宗，细木为桷，欂栌、侏儒，椳、闑、扂、楔，各得其宜，施以成室者，匠氏之工也。"；《孟子·离娄上》中云："离娄之明，公输子之巧，不以规矩，不能成方圆"等都说明工匠精神源于先民对美的追求，工匠对产品质量的追求永无止境。唐代段成式《酉阳杂俎》中云："今人每睹栋宇巧丽，必强谓鲁班奇工也。至两都寺中，亦往往托为鲁班所造，其不稽古如此。"

墨家守城器械，都规定了严格的制作尺寸。例如，《墨子·备城门》记载：藉车的制作尺寸为"藉车之柱长丈七尺，其狸者四尺；夫长三丈以上至三丈五尺，马颊长二尺八寸，试藉车之力而为之困，失四分之三在上。"又如，《墨子·杂守》记载，装载弓箭的轺车的制作尺寸为"轮轱广十尺，辕长丈，为三辐，广六尺。为板箱，长与辕等，高四尺，善盖上，治中令可载矢。"这种制作器物的标准规定，带动了秦人兵器的标准化。

（三）由技悟道、道技合一

工匠精神是产品质量的重要保证。精益求精、追求卓越的工匠精神源于对产品质量的不懈追求和严谨求实的敬业精神。一个道德品质不高的工匠，是不可能制作出质量高的产品的，工匠诚实守信的道德品质是工匠技术质量的保证。《吕氏春秋·贵信》云："百工不信，则器械苦伪，丹漆染色不贞。"一旦工匠没有道德品质，就会在产品上偷工减料、减少工序，也就不会制作出优质的产品。这也是为什么《墨子》通篇在讨论道德哲学的问题，在"义""利"关系上主张行"义"重"利"，这种"利"是"兴天下之利，除天下之害"的"大义"，而不是个人的私利。《论语》云："君子喻于义，小人喻于利。"与儒家的义利之辨将义利完全对立起来相反，墨家认为"义"和"利"是可以统一起来的。《墨子·经上》云："义，利也。"墨子把"利"看作是否符合"义"的重要标准。《墨子·贵义》云："凡言凡动，利于天鬼百姓者为之；凡言凡动，害于天鬼百姓者舍之"。当"利"上升为集体，乃至国家民族之利的"兴天下之利"时，"利"和"义"就可以高度统一起来。《庄子》庖丁解牛的故事说："庖丁释刀对曰：'臣之所好者道也，进乎技矣。'"工匠通过工匠技术的凝练与提高来悟"道"。"道"是工匠制作的规律，是目的；"技"是具体的工匠操作规程，是手段。庖丁解牛的故事揭示了"在技之中见道"的道理。

现代科学技术的发展，如人工智能的应用，它具有提高效率、降低成本、提升用户体验等优势，但也带来了失业问题、隐私问题、安全问题及对道德和伦理的冲击。如何处理好人工智能的道德问题，也就是将"技"归于"道"的统辖之中，是我们首先需要解决的问题。无论科技怎样发达，时代如何进步，都离不开"道"。高尚的道德情操和品德修养始终是劳动者必须具备的品质。

（四）注重实用、工巧致用

一般认为，中国古代科技是以实用主义为核心的，但是实用与实证是相辅相成的，中国实用理性主要与兵、农、医、艺有密切联系。[①]《墨子》《考工记》等文献中含有严谨的数理精神和实证的科学观念，实用是目的，实证是手段，实用和实证密不可分。在

---

① 庞朴，2008. 中国文化十一讲[M]. 北京：中华书局.

古代生产资料短缺的背景下，以墨子、鲁班为代表的工匠群体往往注重节用、节葬，反对铺张浪费。

《墨子·节葬》认为葬埋时的棺木只需三寸厚。墨家追求朴素自然，甚至反对文辞修饰，这与儒家的"修辞立其诚，文言足其志"的文质彬彬不同。《墨子》佚文有"先质而后文"的主张。墨家认为，文饰的前提是先满足基本物质需求，事物的使用价值是根本，审美价值在重要性上要低于使用价值。《髹饰录·楷法第二》载，工匠髹漆"三病"是"独巧不传""巧趣不贯""文彩不适"。《髹饰录》认为工匠要谨防"独巧不传""巧趣不贯""文采不适"之病理，走出了早期《考工记》所追求的"致用之美"，并追求朴素致用的古代工匠精神。[①]

（五）物我两忘、烂熟于心

欧阳修《卖油翁》中的"我亦无他，惟手熟尔"是古代工匠熟能生巧的经典。柳宗元《梓人传》中的工匠杨潜是将工程的样板、设计标准烂熟于心的总工程师、总设计师，他就是古代工匠的典范，是工程的总指挥、主心骨。因此，工匠的技术熟练程度和经验，是工程质量的重要保证，是匠心文化的重要体现。顶级工匠对技艺的锤炼和提高往往达到忘我乃至痴迷的境界。《聊斋志异·卷二·阿宝》云："性痴，则其志凝。故书痴者文必工，艺痴者技必良。"《庄子·达生》中的津人操舟若神，而会游泳和潜水的人，即使之前没有驾驶过船，也可以驾驶船的原因在于"忘水"，"忘水"是因为水性已经非常熟练了，和水融为一体。工匠应该完全关注匠物本身，而不为外物和利益所累。又《庄子·达生》云："工倕旋而盖规矩，指与物化而不以心稽，故其灵台一而不桎。"其中用"工倕"画圆时，手指与工具已经完全合而为一，甚至不必用心去做，就能画出方圆，而心不强求专一，不强求与外物契合，这才是合乎自然之道。《庄子·天道》轮扁斫轮故事中的工匠轮扁认为桓公读的书是糟粕，桓公很生气，要轮扁说出理由。轮扁则认为，工匠的技艺有时需要自己亲自去做，而不是靠别人的点拨。只有亲自多次熟练地做工，才能体会其间的技巧和精妙，才能使自己达到"熟能生巧"的境界，有时甚至只可意会不可言传。精湛技艺的练成恰恰源自多次重复简单的操作，而那些看似简单机械的动作，往往蕴含着工匠精神的精髓和"大道至简"的道理。

深入思考

1. 什么是工匠精神？

---

① 潘天波，2018.《考工记》与中华工匠精神的核心基因[J]. 民族艺术（4）：47-53.

2. 古代工匠精神的特征有哪些？

3. 列举出两种中国古代科技文献，并举例说明其中蕴含的工匠精神。

4. 匠心文化包括哪些内容？

推荐阅读

1. 孙诒让，2015. 周礼正义[M]. 汪少华，整理. 北京：中华书局.

2. 周才珠，齐瑞端，2009. 墨子全译[M]. 修订版. 贵阳：贵州人民出版社.

3. 方勇，2015. 庄子[M]. 北京：中华书局.

第二章 新时代工匠精神

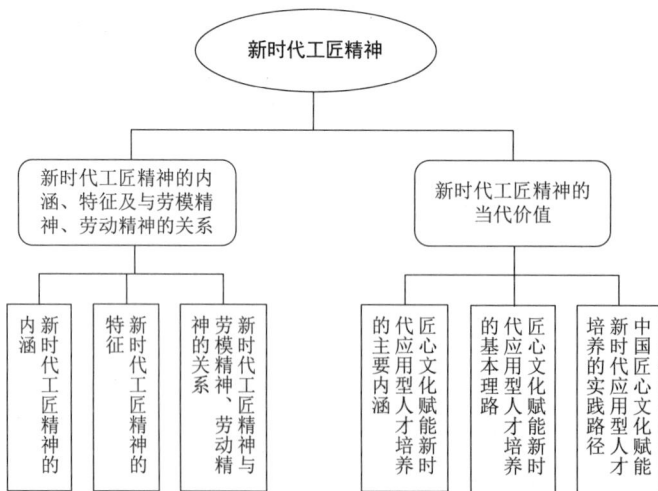

学习目标

1. 理解"执着专注、精益求精、一丝不苟、追求卓越"的新时代工匠精神，说明新时代工匠精神的时代背景、当代价值、现实意义，以及与古代工匠精神的传承关系。

2. 理解新时代工匠精神的精神内涵是以爱国主义为核心的民族精神、以改革创新为核心的时代精神，是人民前进的强大精神动力，并通过列举大国工匠的实例来深刻理解新时代工匠精神的实质。

本章导读

```
                        新时代工匠精神
                    ┌──────────┴──────────┐
      新时代工匠精神的内               新时代工匠精神的
      涵、特征及与劳模精                   当代价值
      神、劳动精神的关系
  ┌─────┬─────┬─────┐         ┌─────┬─────┬─────┐
  新时代   特征   神的   新时代     的主   代应   的基   代应   培养   中国
  工匠          劳动   工匠精     要内   用型   本理   用型   的实   匠心
  精神的    新时代   精   神与     容     人才   路     人才   践路   文化
  内涵     工匠精    劳模精        匠心   培养   匠心   培养   径     赋能
          神的              精神、         赋能   新时         赋能        新时
                            劳动精        文化   代应         文化        代应
                            神的关         赋能              赋能        用型
                            系            新时              新时        人才
```

⊙问题导入⊙

习近平总书记致首届大国工匠创新交流大会的贺信

2022 年 4 月 27 日，习近平总书记在致首届大国工匠创新交流大会的贺信中指出："技术工人队伍是支撑中国制造、中国创造的重要力量。我国工人阶级和广大劳动群众要大力弘扬劳模精神、劳动精神、工匠精神，适应当今世界科技革命和产业变革的需要，勤学苦练、深入钻研，勇于创新、敢为人先，不断提高技术技能水平，为推动高质量发展、实施制造强国战略、全面建设社会主义现代化国家贡献智慧和力量。各级党委和政府要深化产业工人队伍建设改革，重视发挥技术工人队伍作用，使他们的创新才智充分涌流。"①

中国制造、中国创造是中国精神的重要载体。劳模精神、劳动精神、工匠精神为"制造强国"赋能的主要方式是"勤学苦练、深入钻研，勇于创新、敢为人先"。

思考：

中国古代工匠精神在新时代需要怎样创造性转化和创新性发展？

第一节 | 新时代工匠精神的内涵、特征 及与劳模精神、劳动精神的关系

一、新时代工匠精神的内涵

2016 年 4 月 26 日，习近平总书记在知识分子、劳动模范、青年代表座谈会上的讲话中指出："广大劳动群众要立足本职岗位诚实劳动。无论从事什么劳动，都要干一行、爱一行、钻一行。在工厂车间，就要弘扬'工匠精神'，精心打磨每一个零部件，生产优质的产品。在田间地头，就要精心耕作，努力赢得丰收。在商场店铺，就要笑迎天下客，童叟无欺，提供优质的服务。只要踏实劳动、勤勉劳动，在平凡岗位上也能干出不平凡的业绩。"②

---

① 习近平, 2022. 习近平致首届大国工匠创新交流大会的贺信[EB/OL]. (2022-04-27) [2023-09-25]. https://www.gov.cn/xinwen/2022-04/27/content_5687517.htm.

② 习近平, 2016. 习近平：在知识分子、劳动模范、青年代表座谈会上的讲话[EB/OL]. (2016-04-30) [2023-09-20]. https://www.gov.cn/xinwen/2016-04/30/content_5069413.htm.

2017 年，在党的十九大报告中，习近平总书记指出："建设知识型、技能型、创新型劳动者大军，弘扬劳模精神和工匠精神，营造劳动光荣的社会风尚和精益求精的敬业风气。"①将劳模精神和工匠精神并提。

2020 年 11 月 24 日，习近平总书记在全国劳动模范和先进工作者表彰大会上指出："大力弘扬劳模精神、劳动精神、工匠精神。'不惰者，众善之师也。'在长期实践中，我们培育形成了爱岗敬业、争创一流、艰苦奋斗、勇于创新、淡泊名利、甘于奉献的劳模精神，崇尚劳动、热爱劳动、辛勤劳动、诚实劳动的劳动精神，执着专注、精益求精、一丝不苟、追求卓越的工匠精神。劳模精神、劳动精神、工匠精神是以爱国主义为核心的民族精神和以改革创新为核心的时代精神的生动体现，是鼓舞全党全国各族人民风雨无阻、勇敢前进的强大精神动力。"②这是习近平总书记第一次把"劳模精神、劳动精神、工匠精神"三种精神一起全面地进行概括。他把新时代工匠精神概括为"执着专注、精益求精、一丝不苟、追求卓越"。

工匠精神包括职业道德、职业水平、职业品质等内容，包括工匠敬业、精湛、专注的精神内涵。

二、新时代工匠精神的特征

新时代工匠精神的特征主要体现在以下几方面。

1. 新时代工匠精神是社会主义核心价值观的重要体现

社会主义核心价值观中的"敬业"是新时代工匠精神的最好诠释。中国当前是制造大国，向制造强国的产业升级需要技术创新能力不断提高。中国产品要树立精品意识，要实现由量到质的转变和产业升级，就需要弘扬工匠精神，不断提高和创新技艺水平，实现创新驱动发展战略。

2. 新时代工匠精神是企业精细化管理的精神基础

产品质量是企业的生命，如果企业的产品没有质量保障，就会危及企业的生存。因此，企业的生存和发展离不开工匠精神，应把工匠精神作为企业文化的一部分。工匠精神的落实需要企业管理制度来执行。企业对产品质量的严格把关是工匠精神的体现。ISO

---

① 习近平，2017. 习近平：决胜全面建成小康社会　夺取新时代中国特色社会主义伟大胜利：在中国共产党第十九次全国代表大会上的报告[EB/OL].（2017-10-18）[2023-09-20]. https://www.ccps.gov.cn/xxsxk/zyls/201812/t20181216_125667.shtml.

② 习近平，2020. 在全国劳动模范和先进工作者表彰大会上的讲话[EB/OL].（2020-11-25）[2023-09-20].http://politics.people.com.cn/n1/2020/1125/c1024-31943749.html.

9001 是国际标准化组织（International Organization Standardization，ISO）制定的一种质量管理体系标准，是全球通用标准之一，旨在帮助企业建立和维护有效的质量管理体系，提高产品和服务质量。

3. 新时代工匠精神融入了以爱国主义和改革创新为核心的民族精神和时代精神

新时代工匠精神要融入国家治理、人力资源管理、科技创新体系之中，为建构国家治理体系和治理能力现代化服务，为赋能人力资源大国向人力资源强国转变服务，为激励科技创新、制造业转型升级和实现工业强国服务，为培育工匠精神、融入中华民族精神、践行社会主义核心价值观服务，为塑造中华民族人格、促进人的全面发展服务。

4. 新时代工匠精神根植于中华优秀传统文化

新时代工匠精神根植于中华优秀传统文化。古代墨班工匠精神是新时代工匠精神的源头。中国古代工匠精神是中华民族民族精神和文化的重要组成部分，已经融入中华民族的文化血液之中。中华民族革故鼎新的创新思维，自力更生、自强不息的独立精神促进了中国科学精神与工匠精神的传承发展。以钱学森、邓稼先、袁隆平等为代表的中国科学家们，是弘扬科学家精神与工匠精神的光辉典范。

《周易》中"水火既济""否极泰来"的辩证思维给古代工匠精神注入精神动力。《周易·乾卦》中的"见龙在田""飞龙在天""亢龙有悔""潜龙勿用（或跃在渊）"喻指事物发展的开始、高潮、衰落、低谷的四个阶段，揭示事物发展必然经历的过程。《尚书大传》中说"日月光华，旦复旦兮"，意思是太阳每天都会升起，自然界周而复始，循环往复。工匠精神中蕴含着坚强的意志和不怕挫折的强大逆商。《孟子·告子下》云："故天将降大任于是人也，必先苦其心志，劳其筋骨，饿其体肤，空乏其身，行拂乱其所为，所以动心忍性，曾益其所不能。"工匠需要不断地磨炼自己的意志，在失败中总结经验、吸取教训，工匠技艺正是在不断的失败、成功、再失败、再成功的循环往复中得到提炼和升华。除此之外，"革故鼎新"的创新思想、"自强不息"的拼搏精神、"舍生取义"的奉献精神等中华民族的优秀品质，应在新时代工匠精神中继续传承和发扬。

三、新时代工匠精神与劳模精神、劳动精神的关系

劳动精神是面向全体劳动者的，强调的是每一位劳动者在劳动过程中所秉持的劳动理念、劳动态度、劳动风貌。劳模精神是劳模这一杰出群体的优秀品格和崇高精神。工

匠精神广义是指劳动者体现出的职业精神，狭义是指高技能人才、工匠人才所具有的职业精神，并不能涵盖所有的劳动者。①工匠相对劳模来说，更强调专业技术的水平和专业性，在于"精""细"，而劳模则兼顾劳动态度、专业技术、思想品质，是工匠中的"佼佼者"、劳动者中的杰出代表。

（一）新时代工匠精神与劳动精神

劳动创造人本身，劳动创造价值，劳动是人的基本属性之一。劳动精神是工匠精神的基础，工匠精神产生于劳动精神。劳动精神和工匠精神具有共同的价值取向，都提供劳动创造世界，追求劳动技能水平的不断提高，都对劳动质量有着精益求精的追求，两者都存在于劳动的具体实践和活动中。工匠精神强调其专业技术的精细化，劳动精神则着重强调热爱劳动、尊重劳动。工匠精神是在劳动中体会并提炼出来的。

（二）新时代工匠精神与劳模精神

新时代工匠精神强调"执着专注、精益求精、一丝不苟、追求卓越"，这也是劳模精神的追求。劳模精神主要面向劳动者中的"模范"，工匠精神主要面向劳动者中的专业技术人员。两者既有联系，又有区别。与工匠精神相比，劳模精神是一种高层次的精神境界和职业追求。劳模精神除了强调卓越的专业技能外，还强调爱岗敬业、争创一流、艰苦奋斗、勇于创新、淡泊名利、甘于奉献的精神。劳模精神作为时代精神的道德楷模，更强调个体完善。弘扬劳模精神和工匠精神，是为了加快建设一支知识型、技能型、创新型工人队伍。

第二节 ┃ 新时代工匠精神的当代价值

职业教育是国民教育体系和人力资源开发的重要组成部分，是广大青年打开通往成功成才大门的重要途径，肩负着培养多样化人才、传承技术技能、促进就业创业的重要职责，必须高度重视，加快发展。国务院颁布的《关于加快发展现代职业教育的决定》、《国家职业教育改革实施方案》和教育部、国家发展改革委、财政部印发的《关于引导部分地方普通本科高校向应用型转变的指导意见》等一系列政策的制定和实施，标志着

---

① 李睿祎，2021."三个精神"的时代价值[EB/OL].（2021-10-02）[2023-09-20]. http://www.qstheory.cn/qshyjx/2021/10/02/c_1127925581.htm.

以建设地方应用型高校、培养应用型人才为内容的高等教育改革走向新阶段。以工匠精神为核心的匠心文化蕴含着中华民族最深沉的"精神基因"。知行合一、手脑并用的价值创造，尚巧求新、执着专注的创造精神，精益求精、追求卓越的敬业精神和尽美至善、道技合一的精神境界，与新时代高校应用型人才培养高度契合。深入挖掘匠心文化精神内核，实现其创造性转化、创新性发展，推动地方高校适应国家战略需求和科技创新需要，构建匠心文化与新时代应用型人才培养融通机制，积极探索创新型、复合型、应用型人才培养模式，是我们应当思考和解决的时代命题。以匠心文化赋能新时代应用型人才培养，对于发挥高校立德树人作用，打造知识型、技能型、创新型劳动者大军，加快地方应用型高校改革创新，推动中国教育高质量发展，具有不可或缺的重要作用。

一、匠心文化赋能新时代应用型人才培养的主要内涵

随着新一代信息技术的高速发展，全球制造产业正朝着智能化方向转型升级，中国制造向智能化时代迈进上升为国家战略，工匠技艺和工匠精神不断被赋予新的时代内涵。新时代背景下，我们只有继续弘扬劳模精神和工匠精神，把匠心文化创造性转化、创新性发展，融入新时期高水平应用型人才培养，才能培养和造就一批具有优秀品格的大国工匠，使我国制造业完成由制造大国向制造强国的跨越和经济社会的高质量发展。地方本科高校承担着培养多样化应用型人才的重要使命，要发挥应用型人才培养的主阵地作用，应在扩大应用型、复合型、技能型人才培养模式上下功夫。弘扬工匠精神，传承匠心文化，培育劳动忘我、技能宝贵、创造伟大的大国工匠已成为新时代应用型人才培养的紧迫任务。在此背景下，匠心文化赋能新时代应用型人才培养是大势所趋、时代必然。

（一）匠心文化是新时代应用型人才培养的精神动力

匠心文化作为一种文化软实力，内蕴忠诚和负责的伦理精神，被新时代人才培养的利益相关方内化为科学的思维方式和人生态度，外化为符合教育规律和实际需要的办学行为。从这个意义上说，匠心文化是高校改革创新、内涵式发展的精神动力。匠心文化的浸润，可以避免劳动实践陷入盲目被动，使其不再是劳动者的桎梏，而是一种精神追求。伴随我国产业升级和经济结构调整，培养既具有比较扎实和深厚学术理论功底，又具有较强职业技能和实操能力的高级应用型人才，解决人才培养供给与社会需求之间的矛盾，是当前高校转型发展的使命所在。就应用型高校而言，人才培养质量代表着学校人才培养实践者道德品格的尊严与声誉，能反映高校的追求与信仰，体现高校的执着与

坚持。在人才培养过程中，匠心文化可以使高校办学实践超越功利和浮躁，在高质量发展道路上满怀敬畏和虔诚之心。

（二）匠心文化是新时代应用型人才培养的价值引领

把匠心文化作为新时代人才培养的现实需要和赋能之道，可以使人才培养实践的主客体在人才培养实践中融入精神、塑造灵魂，提高科技创新和服务经济社会发展能力。从培养高水平应用型人才的角度来说，离开匠心文化的支撑，高校应用型人才培养很容易陷入浮躁、媚俗、功利的窠臼。教育之本在于立德树人，匠心文化凝结出的积极价值导向可以使高校把立德树人的办学实践视为自身生命存在的形式，在办学实践中被师生认同与理解并内化于心，为高校师生提供正确的价值指引，使新时代应用型人才培养具有确定感、价值感、获得感和幸福感。

（三）匠心文化是新时代应用型人才培养的内在逻辑

匠心文化反映出劳动者的劳动需要意识、劳动自觉意识和劳动自主创造能力，集中体现了劳动者的自为性、自觉性和能动性，使劳动者扬弃劳动的自然属性。以匠心文化引领地方高校应用型人才培养，通过对劳动实践意义和生命存在真谛的追问，促使高校抛弃功利主义的办学理念。让学生从思想认识上、情感态度上和能力习惯上真正理解和形成马克思主义劳动观，牢固树立劳动最光荣、劳动最崇高、劳动最伟大、劳动最美丽的观念，体会劳动创造美好生活，体认劳动不分贵贱，培养劳动精神和社会责任感，形成良好的劳动习惯。换言之，发扬匠心文化是新时代高校应用型人才培养高质量发展的内在逻辑。应用型高校通过教育和引导青年学生在培养劳动技能的同时，全面体认匠心文化的深刻内涵，激发劳动积极性和创造热情，将新时代工匠精神内化为自身精神追求，通过劳动实践活动实现人生价值的高度认同。

（四）匠心文化是新时代应用型人才培养的赋能要旨

匠心文化是新时代高质量人才培养的新动能，其实践过程是身心合一、由内向外的自然延展。它既强调对卓越"匠器"和"匠技"的不懈追求，更注重对"匠心"和"匠道"的内在观照。"匠器"不仅是"匠技"的产物，同时也蕴含了匠人的内心意志。"匠技"是"匠心"和"匠道"的外化，是追求"匠器"之美的手段，是对"匠心"的内在观照及对"匠道"自然体悟的结果。深入探讨匠心文化中"匠技""匠心""匠道"的哲学意蕴，可以为新时代应用型人才培养开阔发展思路，对于创新应用型人才培养机制具有十分积极的意义。新时代应用型人才培养应以学生高水准的专业技能和职业素养为目标。没有扎实的专业技能，职业发展的美好愿景就成了无源之水、无本之木。新时代应用型人才培养应遵循匠心文化身心合一的原则，激发学生观照心灵自由、精神追求的内审意识，培养学生良好的职业心态和职业兴趣，潜心制造有灵魂的劳动产品。新时代应用型人才培养应追求劳动之美、恪守实用之德，引导学生在劳动和实践中观照自然、观照内心、观照精神，以达到尽善尽美、道技合一的匠人境界。作为匠心文化的现代表达，追求劳动之美和恪守实用之德与新时代应用型人才培养的本质要求高度契合。新时代应用型人才培养应将匠心文化的人性关怀、审美情操及德行修养贯穿于人才培养全过程，让学生体会劳动赋予人类的愉悦美感，让卓越匠心浸润学生职业生涯的方方面面。

二、匠心文化赋能新时代应用型人才培养的基本理路

推进高等教育现代化，重在理念、要在行动、贵在创新。新时代对经济社会发展提出更高要求，作为我国高等教育体系中重要组成部分的地方应用型高校亟须破解发展难题，通过深入挖掘匠心文化精神内涵，推动中华优秀传统文化创造性转化、创新性发展，加快高等教育内涵式、高质量发展进程，铸就中华文化新辉煌。

（一）认清匠心文化赋能新时代应用型人才培养的现实挑战

立德树人，是中国特色社会主义教育事业的根本任务，是办好中国特色社会主义大学的立身之本，是培养德智体美劳全面发展的社会主义事业建设者和接班人的本质要求。中共中央、国务院在《关于全面加强新时代大中小学劳动教育的意见》中指出，劳动教育是中国特色社会主义教育制度的重要内容，直接决定社会主义建设者和接班人的劳动精神面貌、劳动价值取向和劳动技能水平。匠心文化的价值意蕴因时代的变迁而不断调整，其新时代价值已经延伸至精神层面的育人全过程，是社会主义核心价值观在大学生身上的体现，是当代中国精神的重要组成部分。大学生怎样才能成为新时代新征程的参与者、奋斗者，是匠心文化赋能高校应用型人才培养的新时代要求。因此，以中国匠心文化赋能新时代人才培养的科学理路，将匠心文化融入立德树人、以文化人，正确看待新时代劳动者的身份和地位，赋予劳动教育以新的时代价值和意义，通过现代媒体使劳模、大国工匠成为大学生学习的人生榜样等，是应用型人才培养的时代命题。

解决人才培养供给侧与社会产业需求侧之间的矛盾，努力构建德智体美劳全面发展的高水平人才培养体系，是当前地方应用型高校转型发展、内涵式发展的根本任务和使命所在。地方本科高校既不同于学术研究型高校，又不同于高职技能型高校，应着力于培养具有敬业、精益、专注、创新等优良品质的高水平应用型、复合型人才。但在办学

实践中，部分高校存在功利和浮躁之心，仍旧胶泥于提升办学层次、扩大办学规模、求全专业设置等目标，置经济社会发展的实际需求于不顾，客观上背离了国家和社会对地方高校"应用型"改革的期待。地方应用型高校，应立足地方社会经济发展需求，打破传统的思维方式，构建面向生产、管理、经营、服务一线，将知识转化到生产实际中，专业素质好、动手能力强、适应程度高的创新性应用型人才培养体系。要坚持产教融合、校企合作，坚持工学结合、知行合一的办学模式。推进产教融合、校企合作是地方应用型高校提高人才培养质量的必然选择。要彻底改变应用型高校产教融合、校企合作、协同育人机制缺失的现状，健全紧密对接产业链、创新链的学科专业体系，把匠心文化融入专业素养、课程体系、劳动教育、双创教育、师资培训、科学研究、社会服务和文化传承等，为学生参加实际工作打下坚实的知识技能与人文素养基础，真正实现地方应用型高校办学类型的"应用性"、人才供给的"地方性"、建设主体的"多元性"和人才培养的"协同性"。

工匠在创造社会价值的同时更创造了一个完善的自我，并以完善的自我继续回馈社会。专业精神、职业态度和人文素养是工匠精神的基本内涵。时代呼唤匠心文化的回归，信息化和智能化时代为我们破除各种障碍带来重大机遇。因此，培养高素质的应用型人才，匠心文化回归不仅是必然趋势，也是未来发展的重要方向。

（二）把握匠心文化赋能新时代应用型人才培养的价值转化

文化兴则国运兴，文化强则民族强。传承中华文化，要进行创造性转化和创新性发展，不忘本来，面向未来，吸收外来。以工匠精神为核心的中国匠心文化不仅凝结于能工巧匠雕琢出的传世经典中，更融入他们的虔诚信仰里。赋予工匠精神更多新的时代内涵，实现工匠精神的现代性转换，助推新时代应用型人才培养，成为匠心文化创造性转化、创新性发展的题中之义。

一是高扬价值理性自觉，积极倡导"觉悟有高低、职业无贵贱"的劳动价值观。时代呼唤"工匠精神"，根本上是在呼唤尊重劳动的伟大价值。从某种意义上来说，弘扬工匠精神是关乎人类未来社会发展福祉的理性呼唤。

二是强化工匠的"主体意识"，培育大国工匠风范。回顾历史，千百年来大国工匠主导技术创新，"中国造物"享誉世界。现代社会应强化工匠的"主体意识"，培育出更多"实用"与"审美"、"传承"与"创新"、追求"极致"与坚守"本心"相结合的大国工匠。新时代大国工匠在创新驱动发展战略中承担着更为重要的历史使命。

三是加强工匠制度建设，铸就社会发展梦想。我们在呼唤工匠精神的同时，也应用制度来帮助养成工匠习惯。从德国、日本等先进制造国家的发展历程看，现代工匠精神的形成与"二元化"技术工人制度、精益品控制度有极其密切的关系。呼唤工匠精神，更要建设科学合理的制度体系。通过匠心文化治理体系建设，营造尊崇匠心的浓郁氛围。

（三）抓好匠心文化赋能新时代应用型人才培养的重要环节

匠心文化是职业精神的萃取，是优秀文化的凝练，是成就工匠的深层次的逻辑因由，是一种形上引领又使人们追梦出彩的精神资源，是新时代应用型人才培养的新共识、新规范、新目标，也是新时代应用型人才培养质量的价值标准和衡量标尺。

一是要把"怀匠心"作为引领应用型人才培养的首要任务。卓越匠心是工匠精神的第一要素，是匠心文化的核心价值和灵魂。从本质上讲，匠心就是创新之心。没有匠心，精神也就无从谈起，工匠就会沦为庸匠。应该把培育学生怀持匠心，生成匠意、匠思、匠智，亦即培养学生的创新精神和创新品格，作为应用型人才培养的首要任务。

二是要把"铸匠魂"作为引领应用型人才培养的主要抓手。德是工匠之魂，是工匠精神的内涵和灵魂，也是匠心文化的统领与根本。人因德而立，德因魂而高。实施以立匠德、铸匠魂为主要内容的铸魂育人工程，引导学生向劳模学习，把工匠精神与劳模精神相结合，培养学生的职业道德、职业精神、职业素养，让学生眼中有标杆、心中有榜样、效学有依托，焕发劳动热情、释放创造潜能。

三是要把"守匠情"作为引领应用型人才培养不可或缺的重要环节。匠情，即怀持和坚守工匠情怀，这种情怀内在包含了人的价值取向和职业态度。作为中国匠心文化的重要组成部分，工匠情怀包括家国情怀、热爱情怀、创新情怀、敬畏情怀、担当情怀、卓越情怀等。"守匠情"即怀持和坚守工匠情怀。通过教育和引导学生学习大国工匠身上的优秀品质，培养学生"崇高的家国情怀、职业的敬畏情怀、负责的担当情怀、精益的卓越情怀"。

四是要把"践匠行"作为引领应用型人才培养的实践平台。以卓越匠心引领应用型人才培养不是为了蹭热点、追时尚、贴标签，必须真抓实做。执着、精技、崇德、求新是匠行的真义、真谛、真髓。要注重培养学生脚踏实地、专注做事的精神，培养学生精益求精、追求卓越的境界，培养学生遵道守德、无私敬业的品格，把学生锻造成"就业有岗位、创业有能力、深造有基础、发展有潜力"的高素质应用型人才。

三、中国匠心文化赋能新时代应用型人才培养的实践路径

中国匠心文化是中华优秀传统文化的重要内核，也是社会主义文化的重要组成部分。它为新时代应用型高校的创新发展提供了精神动力，奠定了文化底色。作为弘扬匠

心文化的主阵地，应用型高校应该守正创新，立足地方历史文化基础和经济社会发展实际，积极构建中国匠心文化与新时代应用型人才培养的融通机制，在人才培养体系中厚植中国匠心文化，为培养富有工匠精神的专业技能人才履职担责，走出高水平应用型人才培养特色之路。

（一）以思政教育培养学生爱岗敬业精神

新时代人才培养工作，要围绕培养什么人、怎样培养人、为谁培养人这一根本问题，坚持立德树人根本任务，培养德智体美劳全面发展的社会主义建设者和接班人。匠心文化的内涵与高校立德树人的育人目标高度关联。以家国情怀、责任意识、担当精神为主要内容的敬业精神既是匠心文化的重要内容，也是社会主义核心价值观的组成部分，更是新时代高校立德树人的重中之重。应用型人才的培养应坚持培根铸魂，紧密围绕立德树人这一根本任务和中心工作，以课程育人、文化育人、实践育人、管理育人、服务育人等为依托，构建全员、全方位、全过程育人体系，使匠心文化融入思想政治教育，把敬业精神内化为学生的职业自觉，外化为学生的职业实践；着力在厚植爱国主义情怀、加强品德修养、增长知识见识、培养奋斗精神和增强综合素质上下功夫，通过爱心支教等多种具有实操性的形式，以实际行动弘扬爱国奉献精神，谱写爱国敬业的新时代篇章。

（二）以双创教育培育学生创新创造能力

工匠精神是缔造伟大传奇的重要力量。追求卓越创新是匠心文化的核心之一，双创教育与匠心文化有着内在的逻辑关系。在新时代背景下，高校双创教育应以创造性、创新性、开创性为内涵，以知识技能教育和创新创业实践活动为主体。应用型高校在人才培养中，应把匠心文化作为创新创业教育的重要基础，把工匠精神养成作为创新创业教育的核心内容，建立完善的校、政、行、企多元参与，共建共享的协同机制，共同培养具有工匠精神、创新素养的新型劳动者。在产教融合基础上，积极探索实施分层次培养的"创新创业教学实践"模式，依托大学生创新创业实践基地，建立创新创业课程体系，搭建创客空间等创新创业平台，参与"互联网+"、挑战杯等创新创业竞赛与训练，构建"课堂+网络+讲座+实践"相结合的创新创业教育体系。

（三）以劳育美育提高学生劳动品质和审美素养

培养担当民族复兴大任的时代新人必须依靠新时代劳动教育。劳动之美与实用之德的和谐统一是匠心文化的本质所在，也是职业劳动的本质所在。劳动教育是为了培养学生良好的劳动品质和娴熟的劳动技能，与匠心文化在人才培养上的价值取向是一致的。应用型高校以落实《关于全面加强新时代大中小学劳动教育的意见》为目标，注重发挥学生在劳动教育中的主体作用，依托专业理论与实践课程设立劳动教育必修课，通过劳动实践周、勤工助学落实课外劳动实践时间，通过社团活动、顶岗实习、社会调查、志愿服务、技能竞赛等内容，形成日常生活劳动、生产劳动和服务性劳动相结合的劳动教育体系，培养学生自律和吃苦耐劳的品格、服务社会的意识和责任感。就中国匠心文化的内核而言，一个伟大的工匠除了具有高超的技艺外，还应具有完善的人格和较高的审美素养。因此，在应用型人才培养体系和校园文化建设等方面还须重视和加强美育元素建设，建设匠心文化展馆景观、职业体验馆，开设美育通识课程，开展高雅文化进校园、"非遗"文化进课堂等，注重将美育教育与德育、智育、体育和劳育相结合，并贯穿到物质、文化、制度及培养体系的各个环节。通过对学生实施以匠心文化为价值指引的劳动教育、美育教育，将学生培养成为能够适应社会发展，既具有技术变革能力，又具备审美情趣、完善人格的新时代大国工匠。

（四）以训练体系培养学生精益求精的能力

匠心文化必然要以生产实践为最终落脚点。以匠心文化引领的应用型人才培养，必须要将匠心文化教育贯穿到实践教学的各个环节，提高学生知行合一能力。精益求精是匠心文化最核心的价值理念之一，一名出色的工匠必然秉持精益求精、追求卓越的价值取向。应用型高校应借助国家和省、区、市提供的资源平台，主动对接，打造应用型专业集群；引企入教，搭建校企合作共建共享平台；协同育人，校企开展全过程深度合作。通过建立科学的人才培养体系，有针对性地开设科学训练课程，改革考试内容方式，增加实践考核比重，引导学生形成严谨、求实、细致、耐心的作风，不断提高创新素养、实践能力，进而培育精益求精的价值追求。

总之，中国匠心文化作为精湛技艺、审美志趣、实践品格与人文关怀的有机统一，闪现着工匠人性的光辉、文化的理想和审美的诉求。弘扬匠心文化是时代发展赋予我们的伟大使命，培养具有匠心精神的大国工匠更是新时代高校义不容辞的责任。地方应用型高校通过积极探索和实践，在教育教学实践中应大力弘扬执着专注、精益求精、一丝不苟、追求卓越的工匠精神，以中国匠心文化引领高水平应用型大学建设，赋能新时代应用型人才培养，为大国工匠的培育提供更多可能。

深入思考

1. 新时代工匠精神的内涵是什么？

2. 新时代工匠精神与劳模精神、劳动精神的关系是什么？

3. 匠心文化赋能新时代应用型人才培养的基本理路是什么？

4. 中国匠心文化赋能新时代应用型人才培养的实践路径有哪些？

推荐阅读

1. 中共中央党史和文献研究院院务会理论学习中心组，2023. 弘扬以伟大建党精神为源头的中国共产党人精神谱系[EB/OL]. （2023-02-01）[2023-09-20]. http://www.qstheory.cn/dukan/qs/2023-02/01/c_1129324837.htm.

2. 人民日报评论员，2021. 必须大力弘扬劳模精神、发挥劳模作用：论中国共产党人的精神谱系之十九[N]. 人民日报. 2021-09-22（01）.

3. 习近平，2017. 习近平：决胜全面建成小康社会　夺取新时代中国特色社会主义伟大胜利：在中国共产党第十九次全国代表大会上的报告[EB/OL]. （2017-10-27）[2023-09-20]. https://www.gov.cn/zhuanti/2017-10-27/content_5234876.htm.

4. 方勇，2015. 庄子[M]. 北京：中华书局.

5. 马莉，2013. 先秦工艺美术概论[M]. 兰州：甘肃人民出版社.

第三章
新时代大学生
工匠精神的品质锻造

学习目标

1. 了解新时代大学生践行工匠精神的必然性及途径。
2. 体悟中华民族在世界科学技术史上的贡献,掌握工匠精神的丰富内涵。
3. 在学习中体会工匠精神,培养自己的创新意识。

本章导读

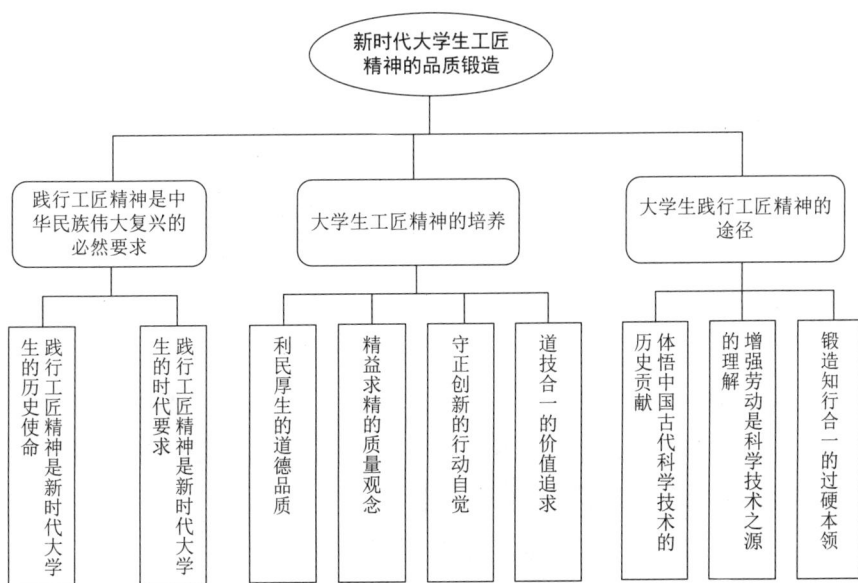

⊙**问题导入**⊙

李约瑟难题

李约瑟难题,又称为李约瑟之谜、李约瑟之问,由英国学者李约瑟提出。李约瑟在其《中国科学技术史》著作中正式提出此问题,其主题是:"尽管中国古代对人类科技发展做出了很多重要贡献,但为什么科学和工业革命没有在近代的中国发生?"1976年,美国经济学家肯尼思·博尔丁称之为李约瑟难题。

思考:

1. 中国对于科学、科学思想和技术做出了哪些重大贡献?

2. 结合你的见闻谈谈如何回答"李约瑟难题"。

中国是享誉世界的文明古国,古代中国的科学技术曾取得辉煌成就,对世界文明的发展做出了伟大贡献。近代中国成为资本主义国家侵略的对象,一步一步沦为半殖民地、半封建社会。近代中国的落后,特别是科学技术的落后与中国在古代科学技术方面取得的辉煌成就及其对世界文明的伟大贡献极不相称。

新中国成立后,经过 70 多年的砥砺奋进、跨越式发展,我国综合国力大幅提升,已成为全球第二大经济体、第一大工业产品制造国。如今,国家、社会、个人都面临百年未有之大变局的机遇与挑战,新时代大学生要增强时代紧迫感和民族责任感,自觉培养劳动意识,增强劳动素质,树立科学精神,培育工匠精神,在劳动实践中以大国工匠为榜样,为中华民族的伟大复兴而接续奋斗。

第一节 ┃ 践行工匠精神是中华民族伟大复兴的必然要求

劳动创造一切,现代中国的高端装备、大国重器、超级工程无一不是新中国建设者艰辛劳动和辛勤付出的结果,无一不浸透着劳动者的辛勤汗水,蕴含着劳动者的牺牲奉献、大国情怀。以身殉职的"两弹一星"元勋郭永怀,隐姓埋名 28 年的中国"氢弹之父"于敏,"宁肯少活二十年,拼命也要拿下大油田"的铁人王进喜,"献了青春献终身,献了终身献子孙"的塞罕坝人,无一不是中国人民自力更生、艰苦创业的真实写照,无一不书写着中国人的强国夙愿。新时代大学生是科技强国的生力军,中华民族伟大复兴的主力军,肩负着巩固老一辈艰苦奋斗取得的现代化建设成果的艰巨任务、第二个百年奋斗目标的使命担当和中华民族伟大复兴的历史重任。因此，大学生必须以劳动为根本，以工匠精神为引领，以大国工匠为楷模，早日成为知识型、技术型、创新型的高素质劳动者，成为社会主义建设者和接班人。

一、践行工匠精神是新时代大学生的历史使命

工业革命为什么没有发生在中国？现代科学为什么没有产生在中国？通过中西方科学技术发展史的对比研究，李约瑟提出了学术界著名的"李约瑟难题"，李约瑟充分肯定了古代中国在科学技术领域取得的伟大发现、伟大成就，同时也指出古代中国在科学技术领域存在的问题和弱点，但更为重要的是提出了近代中国科学技术发展的相对落后，中国没有诞生现代科学，没有率先发生工业革命的谜题："欧洲在 16 世纪以后就诞生了近代科学，这种科学已被证明是形成近代世界秩序的基本因素之一，而中国文明却未能在亚洲产生与此相似的近代科学，其阻碍因素是什么？另一方面，又是什么因素使得科学在中国早期社会中比在希腊或欧洲中古社会中更容易得到应用？"[①]

"李约瑟难题"是西方学者从社会层面对近代中国科学技术发展提出的世界之问，而"钱学森之问"则是中国科学家从学术层面对中国科学技术发展提出的世纪之问。2005 年 7 月，时任国务院总理温家宝同志看望我国著名科学家钱学森先生时，钱学森先生说："现在中国没有完全发展起来，一个重要原因是没有一所大学能够按照培养科学技术发明创造人才的模式去办学，没有自己独特的创新的东西，老是'冒'不出杰出人才。这是很大的问题。"[②]

"李约瑟难题"和"钱学森之问"直指中国近现代科学技术发展的痛点，是中华民族伟大复兴历史进程中需要不断反思的重大课题和必须破解的时代难题。人类文明发展到今天，先后经历了两次科学革命和三次技术革命。以伽利略实验研究方法、牛顿经典力学体系和以普朗克量子力学、爱因斯坦相对论为代表的两次科学革命是科学研究活动方式、科学观念、科学模式的根本变革，也是对传统科学理论体系的根本改造和科学思维方式的深刻变革，是人类对客观世界规律认识的划时代飞跃，引发了人类认识领域的革命，把人类对客观世界的认识提高到一个新的水平。以蒸汽机、电气、原子能和计算机为代表的三次科技革命，则引起了生产工具的巨大进步，推动了社会生产力的巨大发展，引发了生产关系的巨大变革，在根本性改变人类改造世界方式的同时也根本性改变了人类社会的面貌。

---

① 李约瑟，1990. 中国科学技术史：第一卷　导论[M]. 王铃，协助. 北京：科学出版社.
② 张现民，2015. 钱学森年谱（下）[M]. 北京：中央文献出版社.

拓展阅读 3-1

两次科学革命和三次技术革命一览表

项目	第一次科学革命	第一次技术革命	第二次技术革命	第二次科学革命	第三次技术革命
时间	1543~1687 年	1733 年至 18 世纪末	1832 年至 19 世纪末	1900~1926 年	20 世纪 40~90 年代
标志性事件	1543 年哥白尼《天体运行论》；1609 年伽利略开创了实验研究方法；1661 年玻意耳《怀疑的化学家》；1687 年牛顿《自然哲学的数学原理》，建立了经典力学体系	1733 年发明飞梭，纺织业中机器的发明和应用；1769 年瓦特改进和发明蒸汽机；1797 年发明车床等	以发电机为开端的电力、电器的发展；内燃机的发明和使用；化学工业的兴起	1900 年普朗克提出"量子"概念；1905 年爱因斯坦解释了光电效应；1913 年玻尔把量子论运用到原子模型；1923 年德布罗意物质波；1926 年薛定谔波动力学；1905 年爱因斯坦提出狭义相对论；1915 年爱因斯坦完成广义相对论	1946 年第一台电子计算机诞生；电子技术、计算机、信息网络技术；1941 年开始"曼哈顿工程"
学科	天文学、物理学、化学	机械	电力电器	物理学	电子学、计算机
主要国家	意大利、英国、法国	英国	德国、美国	德国	美国
扩散	18 世纪的化学革命；1859 年达尔文《物种起源》	铁和钢冶炼技术的发展；轮船和火车的发明；各种机器作业代替手工劳动	电报、电话、无线电、电视等技术相继问世；材料技术的发展，如金属冶炼、高分子等	1929 年哈勃定律；1953 年沃森和克里克提出 DNA 的双螺旋分子结构模型	核能技术、航天技术、新材料、生物技术
影响	引发了 17~19 世纪主要学科的革命性发展，建立了完整的近代科学体系；构建了新的世界观和方法论，科学成为独立的社会建制	形成了全新的技术体系，导致了生产力的飞跃；使西欧由农业社会进入工业社会	创造了电力与电器、汽车、石油化工等一大批新兴产业，将工业社会带入电气化时代，就业结构和人类生活方式发生了巨大变化，并慢慢向亚洲和拉美地区扩散	深刻揭示了微观粒子、宏观宇宙、生命世界的本质和规律性；引起了世界观和科学活动的根本转变；科学研究的模式也发生变化，"大科学"的模式日益凸显	以第三产业为代表的新兴产业高速发展，推动人类进入全球化、知识化、信息化、网络化的新时代；发达国家进入后工业化时代

资料来源：何传启，2011. 第六次科技革命的战略机遇[M]. 北京：科学出版社.

　　科技革命是人类社会发展的巨大推动力，促进了人类文明的跨时代飞跃，但是对于各个国家的影响是截然不同的。第一次科技革命，英国发明蒸汽机、火车，率先进入工业时代，在 19 世纪中叶一跃成为世界第一大国、工业强国，开启了"日不落帝国"时代；第二次科技革命，德国发明了发电机、内燃机，率先进入电气时代，后来居上超越英、法，成为 20 世纪初仅次于美国的世界第二位工业强国，开启了欧洲陆地霸主时代，德国成为世界科学中心；第三次科技革命，美国发明了计算机、互联网，率先进入了信息时代，成为资本主义超级大国、世界后工业社会和科技中心。

两次科学革命和三次技术革命没有一次发生在中国，中国没有引领过去任何一次科学革命或技术革命，这正是"李约瑟难题"和"钱学森之问"的事实根据。当今世界正经历百年未有之大变局，中国正在朝着"两个一百年"奋斗目标和中华民族伟大复兴的历史使命不断迈进，以信息技术、生物技术、新能源技术、新材料技术等交叉融合引发的新一轮科技革命和产业革命正在给我国社会发展带来新机遇，抓住新一轮科技革命和产业革命的历史性机遇是实现第二个百年奋斗目标和中华民族伟大复兴的前提，新时代大学生要学习和传承劳动精神、工匠精神，在新时代中国特色社会主义现代化建设中回答"李约瑟难题"和"钱学森之问"。

二、践行工匠精神是新时代大学生的时代要求

在中国共产党的领导下，中国人民不断自力更生、艰苦奋斗，新中国经过 70 多年的跨越式发展已成为世界制造业大国，高铁、核电、汽车等一大批产业和装备处于国际先进水平，"两弹一星"、"天宫"空间站、"蛟龙号"载人潜水器、中国"天眼"、北斗卫星导航系统等大国重器，三峡大坝、青藏铁路、港珠澳大桥等超级工程，无不是中国科技突飞猛进的历史见证。特别是"一带一路"（"丝绸之路经济带"和"21 世纪海上丝绸之路"）倡议推动了中国与共建国家的区域合作，双边贸易、合作共赢，为中华民族伟大复兴奠定了坚实的基础。

但是，我国基础科学研究短板依然突出，重大原创性成果缺乏，底层基础技术、基础工艺能力不足，工业母机、高端芯片、基础软硬件、开发平台、基本算法、基础元器件、基础材料等瓶颈仍然突出，关键核心技术受制于人的局面没有得到根本性改变，中国要成为世界主要科学中心和创新高地就必须掌握核心技术，而真正的核心技术是买不来的，进口设备存在代际差异，走引进仿制的道路将总是跟在发达国家的后面，无法成为新一轮科技革命的引领者。西方国家对中国科学技术的发展速度一直心存忌惮，部分西方国家对中国进行打压和技术封锁，高端发动机、新材料、高端数控机床、生物医药和医疗设备、芯片、光刻机等核心技术成为"卡脖子"难题。

当今世界正经历百年未有之大变局，基于人工智能、5G、大数据、基因编辑、量子

技术的第四次科技革命正蓬勃发展，全球经济格局多极化、人口老龄化、国际货币体系多元化的格局正在形成。中国作为发展中国家的中坚力量和世界第二大经济体面临着诸多机遇的同时也承受着巨大挑战，国际上经济全球化遭遇逆流，保护主义、单边主义不断抬头，世界经济持续低迷，不稳定、不确定因素增加，使我国的外部发展环境更加复杂严峻。同时，科技革命的历史周期越来越短，发展进程越来越快，距离中国 2035 年跻身创新型国家前列和 2050 年建成世界科技创新强国的战略目标的时间点越来越近，这就需要新时代大学生敢于承担社会责任，勇于担当国家建设和发展的重任，努力成为堪当民族复兴大任的时代新人。

第二节 ┃ 大学生工匠精神的培养

　　文化自信是一个国家、一个民族发展中更基本、更深沉、更持久的力量，文化自信和中华民族的科学精神、技术创造和伟大创举密切相关，大学生要培养工匠精神，就要传承和弘扬中国古代匠人利民厚生的道德品质、精益求精的质量观念、守正创新的行动自觉、道技合一的价值追求，以史为鉴、埋头苦干、勇毅前行，在劳动实践中打造新时代工匠精神。

一、利民厚生的道德品质

　　远古时期，先民身处恶劣的生存环境，面对洪水、瘟疫、猛兽、地震等多种灾难的威胁，仅凭天生的身体条件是难以抵挡的。在谋求基本生存需求的过程中，先民发现使用石头、树枝、山洞、山火等自然物与猛兽搏斗，能够增强抵御能力，增大生存概率。经过一代又一代的实践，先民对这些自然物有意识地传承、研究和改进，逐渐走上了打磨石器、构巢筑室、钻燧取火的造物之路。据《韩非子》记载："上古之世，人民少而禽兽众，人民不胜禽兽虫蛇。有圣人作，构木为巢以避群害，而民悦之，使王天下，号之曰有巢氏。民食果蓏蚌蛤，腥臊恶臭而伤害腹胃，民多疾病。有圣人作，钻燧取火以化腥臊，而民悦之，使王天下，号之曰燧人氏。"

　　劳动将人与动物区分开来，而造物正是其中最为关键的一环。当先民使用天然的石头、树枝与动物搏斗，更多体现了先民的被动应急反应；而当先民运用打磨过的石器、修整后的木棒等人造物与猛兽搏斗，更多体现了先民的主动防范行为，而这种主动防范行为中包含了人类创造性的劳动。造物使人类在与动物的优胜劣汰中获得优势，让人类成为高于动物的生命体。因而，《现代汉语词典》（第7版）将"人"定义为"能制造工具并使用工具进行劳动的高等动物"。

造物不仅是为了解决先民的生存问题，更是为了解决先民的发展问题。正如马克思所说，衣食住行是人们最基本的物质生活需要，人类要生存发展必须首先进行物质资料生产。据《墨子》记载："古之民未知为舟车时，重任不移，远道不至，故圣王作为舟车，以便民之事。其为舟车也，全固轻利，可以任重致远，其为用财少，而为利多，是以民乐而利之。"发明舟车是为了解决"重任不移，远道不至"的交通运输问题。无论是打磨的石锤、石耜等石制器具，烧制的人面鱼纹盆、船形壶、陶瓮、陶林等陶制器具，都是生产生活的需要。石碓、砻、石磨、碾子、铲、墨斗、锯子、班母、班妻、凿子、斧、钻、櫽栝等生产工具的发明，无不是提高劳动效率的现实需要。

先民将造物之举或归于圣人，如《周易》记载："包牺氏没，神农氏作，斫木为耜，揉木为耒，耒耨之利，以教天下，盖取诸《益》。"《汉书》记载："昔在黄帝，作舟车以济不通，旁行天下，方制万里，画野分州，得百里之国万区。"或归于工匠，如《吕氏春秋》记载："奚仲作车，苍颉作书，后稷作稼，皋陶作刑，昆吾作陶，夏鲧作城。"无论是归于圣人还是工匠，都体现了先民对智慧的尊崇，对发明创造的敬畏。创物制器来自先民生存发展的实际需求，在一代又一代的劳动实践中，通过传承、研究和改进，制造出生产工具和生活用品，是古代劳动人民长期经验的积累和集体智慧的结晶。古人将创物制器归于"知者""巧者"，凸显出创物制器蕴含着工匠的智慧和技巧，而智慧和技巧正是工匠精神的体现，是今天工匠精神的发轫。

二、精益求精的质量观念

工匠在先秦时期称"百工"或"工"，是指以手工技艺从事劳动生产、制备民生器具的人，如《考工记》记载："或审曲面执，以饬五材，以辨民器……谓之百工。"《考工记》将工匠定义为熟知材质的外在特点和内在特性，能对石、土、木、金、革五种材质整治加工制备民生器具的人。这说明先秦时期对于工匠的工作职能有了明晰的认识，由于工匠对材质特点、特性有较为深刻的把握，他们能够凭借技艺熟练地对五种材质进行加工，制备成器。"百"是虚数，意指工匠种类繁多，《考工记》记述了木工、金工、皮革工、染色工、玉工、陶工等6大类、30个工种，内容涉及制车、兵器、礼器、钟磬、练染、建筑和水利等手工业制作工艺和检验方法，天文、数学、物理、化学、生物等自然科学知识，充分彰显出先秦时期我国科学技术已经有了高度发展，制造业已经有了部门分工。

手工业各工种已经有了明确的设计规范、制造工艺和质量标准，器物制造已经规范化，如秦律《工律》记载："为器同物者，其小大、短长、广狭必等。"以车辆为例，根据车的规格，车轸、戈柲、人、殳、车戟和酋矛六者的高度及它们之间的差数有着明确的规格要求，而且根据车的用途的差异性（如兵车、田车和乘车），对于车轮构件都有固定的大小和搭配比例。春秋战国时期，器物制造已经初步形成多工种配合、分工协作的生产模式。制造一车辆，需要"轮人""舆人""辀人"三个工种协作才行，而且在材料加工、车辆制造过程中还涉及天文、物候、数算、攻金、冶炼等诸多领域的知识。

器物制作不仅有量的规定，而且有质的要求。以车轮为例，如果工匠做出的车轮"可规、可萬、可水、可县、可量、可权"，这样的工匠为国家一流工匠，被誉为"国工"。同时，国家层面对制造器物的质量有着明文规定：器物的制造者要把自己的名字刻在上面。例如，《礼记·月令》记载："物勒工名，以考其诚。工有不当，必行其罪，以穷其情。"国家还建立了对产品整个制造过程进行追溯的制度。秦孝公时期，秦国制造的兵器要刻下督造人的名字，全国范围内实施物勒工名制度；考古发现了汉武帝时期的骨签档案，是当时各地工官和属官向中央进贡物品的质量档案记录，其中包括名称、数量、生产日期、生产工官、官名、工名、强度、编号等物勒工名要素，以便质量溯源。这说明西汉时期物勒工名制度已经十分完善，对提高手工业产品质量有重要意义。物勒工名制度是我国最早的问责制，它不仅是产品质量的重要保障，也是工匠精神传承的重要保证。分工协作是人类社会的本质特征，也是社会化大生产的必然要求。社会上的工作，但凡不是一个人可以独立完成的，就存在着分工协作，而且社会化大生产的程度越高，分工就会越来越细，协作就会越来越强，效率就会越来越高，对于个体的团队意识、合作意识、质量意识也就要求越高。因此，新时代大学生要树立工匠精神，就要不断提升自身的团队意识、合作意识、质量意识。

三、守正创新的行动自觉

《考工记》将创造分为"创物"和"述之守之"两种境界，将工匠分为"知者"和"巧者"两个层次，"知者创物，巧者述之；守之世，谓之工。"工匠的最高境界是"创物"，把"创物"者称为"知者"，"知者"通过原材料加工，发明前所未有的器物，如将铜锡炼制为利刃，将土坯烧制成陶器，制造出能在水陆行走的舟车，即"烁金以为刃，凝土以为器，作车以行陆，作舟以行水，此皆圣人之所作也"。另一个层次是"述之守之"，把"述之守之"的工匠称为"巧者"。在"创物"的基础上，"巧者"对"知者"创作器物的方法进行传承，制作出与之相同或相类似的器物。可见，古人高度崇尚科技首创精神。在"创物"精神的指引下，中华民族种粟栽稻、植桑养蚕、造纸印刷，推动了文明的进步；在"述之守之"精神的坚守下，工匠精神代代相传，将中华科技文明的火种延续至今。

无论归于圣人还是工匠，都体现了古人对智慧的尊崇，对发明创造的敬畏。创物制器来自先民生存发展的实际需求，在一代又一代劳动人民的实践中，通过传承、研究和改进，制造出生产工具和生活用品，是古代劳动人民长期经验的积累和集体智慧的结晶。古人将创物制器归于"知者""巧者"，凸显出创物制器蕴含着工匠的智慧和技巧，而智慧和技巧正是工匠精神的体现，承载着匠人们精益求精的品质追求，追求技艺精湛的专业要求，是今天科学技术的发轫。

科学技术是推动人类社会发展的第一生产力，发明创造是社会发展的原动力、人类进步的基石，直接影响着人类社会发展的进程。科技发明是人类历史时代的划分标志之一：旧石器时代、新石器时代、青铜时代、铁器时代、蒸汽时代、电气时代、信息时代。古代中国的辉煌是青铜时代和铁器时代中国高度发达的冶炼技术和工具制作技术的直接反映。近代中国落后的原因之一是蒸汽时代、电气时代中国机器生产和机械制造技术的落后。从农耕时代、工业时代到信息时代，科学研究、科技发明的原创成果对社会的推动作用越来越重要。创新是引领发展的第一动力。新时代大学生要深刻理解创新在民族进步、国家兴盛发达中的重要价值，将中华民族"创物"历史基因与时代使命相结合，在学习中延续中华民族创新禀赋，弘扬工匠精神。

四、道技合一的价值追求

天工开物，随物赋形，是中华民族对制造业的价值取向共识。创物制器是工匠按照人的主观需求对自然物进行加工改造使之获得一定的使用价值。创物制器的过程是工匠在充分了解自然物材的形状、质地和性能的前提下，对自然物进行加工成器的过程，既包含工匠的体力劳动，也包含工匠的脑力劳动。对自然材质进行甄别、了解、加工的过程，既是工匠赋予其生命的过程，又是人类主观意志的物化过程。因此，创物制器既是工匠技能的展现，又是工匠创造力、生命力的体现，更是工匠对世界认知程度的体现。

"人类正是在满足基本需要的过程中不断产生出次生需要，从而向文化提出越来越多的文明需求"①，器物之用也是如此，除了满足先民的生存需求之外，还有文化造就的次生需要。随着西周王朝的建立，器物成为礼乐制度的重要组成部分，礼制常常通过器皿、舟车、宫室、衣冠等器物的形制、尺度、色彩、纹饰、大小、多少体现出来。以列鼎制度为例，在祭祀、宴飨、丧葬等礼仪活动中，根据从上到下身份的不同，所使用的鼎的尺寸、大小、数量也不同，如天子用九鼎，诸侯用七鼎，大夫用五鼎，士用三鼎。器物蕴含的虔诚敬畏、尊卑贵贱等象征意义远远大于其现实生活中盛装炊煮的实际意义。因此，创物制器不仅仅是工匠将原材料加工成器的简单或复杂的技术性行为，更是融合了道德、制度、文化、技术等诸多方面的社会性行为。

特别是古人对自然、神灵、祖先的敬畏，使得祭祀丧葬所使用的器物的制造也处于重要地位，因而《礼记·曲礼》中称："君子将营宫室，宗庙为先，厩库为次，居室为后。凡家造，祭器为先，牺赋为次，养器为后。"创物制器的过程是"器以藏礼"政治实践的外化过程，体现了工匠对世俗世界规则的遵从。它既包括对创物制器过程中涉及的科学知识（如化学、物理学、天文学等自然规律）的把握，又包括对现实生活中存在的等级制度的遵从。

当今世界科学技术的发展日新月异，高科技领域技术不断突破，成为人类社会发展的强劲动力。大学生要敢于担当、奋力创新，传承并弘扬科学精神、工匠精神，为我国科技自立自强贡献一份力量，成为建设科技强国的中流砥柱。大学生要树立正确的科技观，在追求个人进步的同时，也要将人生的出发点和立足点放在中华民族伟大复兴的历史使命上，放在构建人类命运共同体的价值理念上。

第三节 ┃ 大学生践行工匠精神的途径

人是创造性动物，创物制器是人所特有的本质属性，是人的本质存在方式，是人区别于动物的主要特征。因而，工匠创物制器本质上是一种创造性行为，一种创造性劳动。正是这种创造性劳动不断将人与动物区别开来，不断创造物质财富和精神财富，促进了人类社会的发展，创造了人类社会的历史，使人类社会从原始文明、农耕文明向工业文明前进。因此，培养大学生的工匠精神，要从劳动人民伟大的历史创举中感受中华民族血脉中流淌的劳动精神和工匠精神，理解劳动是科学技术之源，树立正确

---

① 陈炎，2002. 陈炎自选集[M]. 桂林：广西师范大学出版社.

的劳动观。

一、体悟中国古代科学技术的历史贡献

中国古代科技发明灿若星辰，对中国和世界科技发展的贡献巨大，特别是造纸术、指南针、火药和印刷术四大发明对资本主义战胜封建主义的巨大推动作用，使得西方社会正视中国的科学技术在人类社会历史进程中的重要作用。李约瑟在《中国科学技术史》中对古代中国科技作出评价："在中国完成的发明和技术发现，改变了西方文明的发展进程，并因而也确定改变了整个世界的发展进程。"古代中国在农业、天文学、制图、工程技术、医疗卫生、数学、磁学、物理学、交通运输、音乐、工程技术等诸多领域取得的成就远远领先于西方社会，处于世界领先水平，西方社会近现代科学技术的雏形很大部分源自中国。坦普尔在《中国：发明与发现的国度·西方受惠于中国》一书中认为，"近代世界"赖以建立的种种基本发明和发现，可能有一半以上来源于中国。这可以从以下几方面来说明。

（一）在机械方面

早在蒸汽机出现以前，中国就发明了蒸汽机的基本装置，东汉时期发明了水排。据《后汉书·杜诗传》记载："（杜诗）造作水排……用力少，见功多，百姓便之。"水排的工作原理是以水流作为动力，经传动机械促使皮制鼓风囊开合，将空气送入冶铁炉，以之铸造农具，这种水排也用于农业生产。据《洛阳伽蓝记》记载："碾硙舂簸，皆用水功。"这说明南北朝时期已经能够制造和使用以水推动碾磨来加工谷物的装置。元代王祯所著的《农书》详细描述了水排的形制。中国古代制造的水排与近代西方发明的蒸汽机相比，就动力而言，水排不像蒸汽机那样使用水受热后产生的蒸汽作为动力，而是直接利用水流产生的动力作为动力；就结构而言，水排没有曲轴传动结构，而是把圆周运动转换成直线运动，蒸汽机则把直线运动转换成圆周运动；就工作方式而言，水排不像蒸汽机的活塞那样作用于车辆的车轮，而是靠水流带动轮子驱动活塞。直到 13 世纪，欧洲人才将水力技术应用于风箱。1775 年，英国人约翰·威尔金森制造出水力鼓风机，其原理与王祯的描述基本相同，只不过经过改进增加了一个曲轴，并取得一项水力鼓风机的专利。1780 年，英国人詹姆斯·皮卡德取得了与这种机器原理相反的蒸汽机的专利，即蒸汽机的动力通过活塞驱动轮子而不是通过轮子来驱动活塞。东汉时期杜诗发明的水排充分说明了中国早在公元 1 世纪就掌握了水排的制造技术，即蒸汽机基本装置的制造，并用于农业和手工业生产。

（二）在数学方面

中国在高次方根和高次数字方程求解方面很早就领先于西方。公元 1 世纪左右，中国已经编撰完成数学经典著作《九章算术》，书中提出了求平方根、立方根等问题，并给出了答案及详尽的解题方法："今有积五万五千二百二十五步，问为方几何？答曰：二百三十五步。""今有积一百八十六万八百六十七尺。问为立方几何？答曰：一百二十三尺。"特别是求立方根所用方法与霍纳 1819 年在欧洲创立的霍纳法相似。1247 年，秦九韶所著《数书九章》提出了高次幂的方程问题，并给出了答案及具体解法："有圆城不知周径，四门中开。北外三里有乔木，出南门便折东行九里，乃见木。欲知城周、径各几何？答曰：径九里，周二十七里。"欧洲直到 16 世纪中叶，塔塔利亚和卡丹才能够解三次方程。南宋数学家杨辉 1261 年所著的《详解九章算法》一书中画了一张表示二项式展开后的系数构成的三角图形，称作"开方作法本源"，现在简称"杨辉三角"，蕴含了二项式系数的对称性、增减性与最大值、各二项式系数的和等相关性质。杨辉三角的本质特征是它的两条斜边都是由数字 1 组成的，而其余的数则等于它肩上的两个数之和；杨辉把二项式系数图形化，把组合数内在的一些代数性质直观地从图形中体现出来，是一种离散型的数与形的结合。欧洲直到 1654 年法国数学家帕斯卡才发现这一规律。尽管杨辉早于帕斯卡 300 多年发现了这一数学规律，但今天却通称为"帕斯卡三角形"。

（三）在力学方面

1687 年，英国著名物理学家牛顿出版了巨著《自然哲学的数学原理》，全面阐明了三大运动定律和万有引力定律，为近代力学奠定了基础，其中包括第一运动定律，即任何物体在不受外力的作用时，都保持原有的运动状态不变，即原来静止的继续静止，原来运动的继续做匀速直线运动。因而世人认为，世界上首先提出力学第一运动定律的人是牛顿。然而，牛顿并不是第一个提出力学第一运动定律的人，包括英国学者李约瑟等认为，中国人比牛顿早两千多年就已提出。早在公元前 4 世纪或 3 世纪，中国墨家学派的著作《墨子》就提出了这一定律，认为运动的停止是由于外力造成的，外力作用下物体由运动状态转化为静止状态，如果没有外力，运动就永远不会停止，"止，以久也……无久之不止，当牛非马"。墨家关于第一运动定律的表述比牛顿早了两千多年，是在人类文明史和力学史上率先迈出的伟大一步。

（四）在音乐方面

中国早于欧洲创造十二平均律。十二平均律，又称"十二等程律"，是世界上通用的一组音（八度）分成十二个半音音程的律制，各相邻两律之间的波长之比完全相等。十二平均律是由中国明朝皇族世子朱载堉率先创造，载入《律学新说》一书，朱载堉以珠算开方的办法，求得律制上的等比数列，其原理是因为波长与弦长之间存在正比关系，波长关系可以转化为弦的长短关系，所以可以用发音体的长度计算音高，这在物理学上就对应了波长的比例关系。在朱载堉发表十二平均律理论之后，法国音乐理论家梅尔塞讷于 1636 年在其所著的《谐声通论》中发表相似的理论。运用十二平均律可以使人在创作或演奏乐曲时连续不间断地从一个调转到另一个调，以适应各种调式的实际需要。对于朱载堉创造的这一新的乐律体系，中国人并没有给予重视，而欧洲人却很快发现了它的价值，德国作曲家巴赫极力推崇这一新理论，一直以之为指导创作了一系列乐曲，并收入到《平均律钢琴曲集》中。到了 19 世纪，采用平均律定音已经成为音乐创作的主流形式。朱载堉创造的十二平均律奠定了欧洲音乐的基本律制，是音乐学和音乐物理学的一大革命，也是世界科学史上的一大发明。

（五）在免疫学方面

天花是一种伴有脓疱疹的烈性传染病，曾在世界范围内肆虐，造成极高的死亡率。据统计，18 世纪欧洲死于天花的人数高达 6000 多万人，即便幸免于死亡，患者痊愈后身体也会留下难看的痘痕，严重者甚至失明。3 世纪时，中国东晋时期的葛洪所著的《肘后备急方》一书中称天花为"虏疮"，对其症状有着详细的记载："比岁有病时行，乃发疮头面及身，须臾周匝，状如火疮，皆载白浆，随决随生，不即治，剧者多死。治得差后，疮瘢紫黯，弥岁方灭，此恶毒之气也。"这个记载比西方早 500 多年。在跟天花病毒作斗争的过程中，中国首创预防天花的人痘接种术，明代的董正山所著的《牛痘新书》中记载："自唐开元年间，江南赵氏始传鼻苗种痘之法。"10 世纪时，中国已经出现人痘接种术，明末清初医学家翟良所著的《治痘十全》和朱纯嘏所著的《痘疹定论》均记载了宋仁宗时期的宰相王旦邀请峨眉山女医为其三子王素种痘预防天花的医案。

17 世纪，中国的天花预防接种方法传到土耳其，在那里引起欧洲人的注意。1714 年，英国医生蒂莫尼在伦敦的《皇家学会哲学汇刊》发表了一篇他目睹天花接种技术的报道。1718 年，英国贵族蒙塔古夫人让年仅 5 岁的儿子接受轻型天花的预防接种。1721 年，中国的人痘接种法作为预防天花的措施，开始在欧洲广泛采用。20 世纪 20 年代，意大利医学史家卡斯蒂廖尼所著的《医学史》记载了古代中国人即有采取天花患者的脓痂纳入正常人的鼻中以预防天花传染的风俗。

中国古代在传染病防治的诸多方面领先于西方。据《肘后备急方》记载："青蒿一握，以水二升渍，绞取汁，尽服之。"可以治疗疟疾。新中国成立后，国家尝试攻克疟疾传染病，正是从古人良方中获得灵感。1972 年，屠呦呦疟疾研究小组成功从青蒿中提取出青蒿素。据世界卫生组织不完全统计，青蒿素作为一线抗疟药物，在全世界已挽救数百万人的生命，每年治疗患者数亿人，为全球疟疾防治、护佑人类健康做出了重要贡献。屠呦呦也因此于 2015 年获得诺贝尔生理学或医学奖、2016 年度国家最高科学技术奖，2019 年被授予"共和国勋章"。在狂犬病治疗方面，古人也有着丰富的经验：人被疯狗咬伤后，要先清除伤口附近的口水和血液，再用高温的灸条炙烤伤口。其中的原理是高温杀菌消毒，降低感染的可能性。据《肘后备急方》记载："疗猘犬咬人方。先嗍却恶血，灸疮中十壮，明日以去。日灸一壮，满百乃止。"被狗咬伤后清理伤口并在伤口热灸的方法，暗合现代医学原理。19 世纪，法国微生物学家巴斯德研制狂犬病疫苗所用的方法就类似于葛洪的做法，他对疯狗进行了穿颅手术，像《肘后备急方》记载的方法一样取出了狗的脑髓，从中提取出病毒，继而将其注射到兔子体内，发现兔子体内的狂犬病病毒的毒性降低，由此研究出狂犬病疫苗。

从现代科学技术的视域来看，中国的发明和发现奠定了世界近现代科学技术的基础，但近代以来，西方各国却总是模糊这些发明的起源地，人为地弱化欧洲近代科技革命所受到的古代中国科学技术思想的影响。特别是西方殖民者用炮舰打开中国的大门之后，发现中国的政治、经济、军事、文化全面落后于西方，理所当然地认为 19 世纪中国的科学技术落后于西方，19 世纪之前中国的科学技术也落后于西方，甚至未来的中国同样落后于西方，即便发现中国在政治、经济、文化、科技等领域的先进之处，也被其模糊和弱化。新时代大学生要抵制历史虚无主义，不能因为近代中国的落后而否认古代中国的强大、中华民族的伟大，也不能因古代中国的强大而无视近代中国的落后，更不能因近代中国的落后，而对中国的未来、民族的复兴持怀疑态度，而应该站在中华民族生存和发展的历史高度，立足中国的政治、经济和文化，特别是科学技术发展的全过程，深刻认识中华民族对世界文明、科学技术做出的卓越贡献，树立基于民族科技自信的工匠精神。

二、增强劳动是科学技术之源的理解

工匠精神首先是一种劳动精神，是指工匠在生产劳动中形成的以科学发现、技术发明为主体的劳动精神。工匠精神是对劳动者的普遍要求，劳动实践是践行工匠精神的必由之路，工匠精神的形成与古代中国以农业、手工业生产为主的社会物质生产紧密关联。恩格斯在其《自然辩证法》一书中指出："科学的产生和发展一开始就是由生产决定的。"中国古代科学技术在天文学、数学、力学等领域取得的杰出成就，无不与农业生产生活紧密相关，劳动教育是培养工匠精神的起点。

中国古代发明的龙骨车、水排、活塞风箱等既提高了劳动效率，又节约了人力。例如，汉代劳动人民发明的龙骨车（亦称翻车），是使用人力、畜力、水力或风力为动力，通过链条传动装置将水从低处带到高处用来灌溉农田的农业灌溉机械。东汉时期杜诗发明的水排，类似于今天的水力鼓风机，是利用水的落差产生的能量作为动力来传动机械，使皮制的鼓风囊连续开合，将空气送入冶铁炉的鼓风装置。唐宋时期发明的双动式活塞风箱，是可以通过推拉箱杆为火炉持续提供鼓风的木制装置。推动箱杆，箱内右侧气压降低，压强差使得外部空气通过后端风门吸收进来，同时箱内左侧气压增强，气流沿底端送风管道右侧推开风门排出；拉动箱杆，箱内左侧气压降低，压强差使得外部空气被通过前端风门吸收进来，同时箱内右侧气压增强，气流沿底端送风管道左侧推开风门排出，从而不间断地为火炉提供风力助燃。活塞风箱连续鼓风的能力使我国在世界冶金史上占优势长达数百年。双动活塞风箱于 16 世纪从中国传到欧洲，1716 年德拉希尔利用这一原理发明了类似的双动往复式水泵，从而为后来的活塞式机械打开了创造之门。

古代创制历法是为了农业生产，使百姓知晓时令变化，不误农时。据《史记·五帝本纪》记载："乃命羲、和，敬顺昊天，数法日月星辰，敬授民时。"先民不仅创制了历法，而且根据农业生产的需要把天象、物候、农忙作为一个整体来考虑。中国现存最早的记录农事的历书《夏小正》把每一个月的天象变化、物候特征、农业活动等作为一个整体来考虑，如正月，先言"启蛰""雁北乡""鱼陟负冰""囿有见韭""田鼠出""獭献鱼""鹰则为鸠""柳稊""梅、杏、杝桃则华""缇缟""鸡桴粥"，又言天象"雉震呴""鞠则见""初昏参中""斗柄县在下"，再论农事"农纬厥耒""农率均田""农及雪泽""初服于公田"，形象地记录了上古时期时令物候对农事活动的影响，以及先民利用时令物候服务于农业生产的实践认知。

数学的发展也是为了劳动生产计算的需要。例如，汉代《九章算术》中"方田"章讲述各种形状的土地面积的计算方法；"粟米"章讲述了谷物粮食按比例折算的方法；"衰分"章讲述了纳税、徭役、贷款利息计算等问题；"少广"章讲述了根据土地面积、土方体积求土地边长等问题；"商功"章讲述了土石工程的体积计算问题；"均输"章讲述了赋税摊派问题，用衰分术解决赋役的合理负担问题；等等。中国古代的发明创造、天文学、数学等无不是在农业生产实践中不断积累总结出来的，同时为农业生产服务。

不仅如此，正是在生产劳动和社会实践中形成了以阴阳五行学说为基础的我国古代学术理论体系。阴阳的初始义是指日光的向背，向日为阳，阳指朝向太阳、接受光照（《说文》注释为："阳，高、明也。"）；背日为阴，阴指背向太阳、缺少光照（《说文》注释为："阴，水之南、山之北也。"）。白天太阳出现，夜晚太阳不出现，因而阴阳又引申为白天黑夜。区分阴阳昼夜的目的也是劳动所需，如《庄子》所载："日出而作，日入而息。"从日光向背天象引申到时间以及区分阴阳都源于作息需要。划分时间方式，又引申出向日、背日的地理方位，丘山南面接收阳光多为阳，如"在南山之阳""归马于华山之阳"；丘山北面接收不到阳光为阴。

殷周之际，先民在劳动实践中认识到向阳的作物丰收、背阴的作物歉收，因而土地划分中要"相其阴阳，观其流泉"，充分说明了先民意识到自然环境"阴阳"的不同或光照差异直接导致农作物收成的多少，并以此作为土地划分的依据。先民又根据树木受日光照射与否将其分为阳木和阴木，作为器物制作选材的重要标准。例如，《考工记》记载："凡斩毂之道，必矩其阴阳。阳也者，积理而坚；阴也者，疏理而柔。"阳木材质纹理密而坚，阴木材质纹理疏而柔，质量差异比较大，所以制作如轮毂等器物的选材要非常考究。采伐木材时也要因阴阳差异而选取不同的季节，如《周礼》记载："仲冬斩阳木，仲夏斩阴木。"郑玄注曰："阳木生山南者，阴木生山北者。冬斩阳，夏斩阴。"从向阳背阴的原始义出发，引申出时间、方位、材质属性等，经过进一步归纳总结，发现了阴阳这种既两极对立又充满联系的事物规律，认为这种规律普遍存在于自然界之中，并认为万事万物均具有阴阳两大基本属性，将阴阳抽象为一个独立的形上的范畴。阴阳学说就是先民在生产生活劳动实践基础上创造的朴素的辩证唯物哲学思想。

与阴阳思想一样，五行思想也可以在古代农业社会的劳动实践中找到源头。五行的初始义是指土、水、火、木、金五种物质，又称"五材"。先民在劳动实践中，逐渐认识到土、水、火、木、金五种物质的属性。农业种植离不开土与水，治理洪水更要善于处理水与土的关系。上古时期洪水为患，《尚书》《孟子》《山海经》等文献中多处出现有关部落首领尧、舜、鲧、禹治水的记载，如《孟子》所载："当尧之时，天下犹未平，洪水横流，泛滥于天下。"先民治水先后经历了堵与疏两个阶段，鲧治水以堵为主，如《山海经》记载："洪水滔天，鲧窃帝之息壤以埋洪水，不待帝命。"禹治水以疏为要，如《尚书》记载："禹别九州，随山浚川，任土作贡。禹敷土，随山刊木，奠高山大川。"正是在治水斗争的伟大劳动实践中，先民历经千辛万苦，经过失败与成功的反复较量，理顺了水与土的关系，奠定了中华民族农耕文明的坚实基础。

燧人氏教人钻木取火，据《韩非子》记载："有圣人作，钻燧取火以化腥臊。"烤炙食物、抵御寒冷，结束了先民茹毛饮血的历史，开创了华夏文明的历史新纪元。恩格斯对摩擦生火有着高度的评价："就世界的解放作用而言，摩擦生火还是超过了蒸汽机，因为摩擦生火第一次使得人支配了一种自然力，从而最后与动物界分开。"[①]上古时期黄河流域森林茂密，禽兽众多，影响着先民的生命安全和农业种植，于是先民用焚烧草木的方式来扩大耕地、驱逐禽兽，如《孟子》记载："当尧之时，天下犹未平，洪水横流，泛滥于天下，草木畅茂，禽兽繁殖，五谷不登，禽兽逼人。兽蹄鸟迹之道，交于中国。尧独忧之，举舜而敷治焉。舜使益掌火，益烈山泽而焚之，禽兽逃匿。"《国语》记载："昔烈山氏之有天下也，其子曰柱，能植百谷百蔬。"《左传》记载："有烈山氏之子曰柱，为稷，自夏以上祀之。"

"钻燧取火""烈山泽而焚之"等史料说明上古时期的先民经历了一个刀耕火种的原始农业阶段。火成为焚林还田、扩大土地、发展农业的重要手段和有效工具，对于远古农业发展和人类社会有着重要意义。先民在使用火造福人类的同时，也理顺了木与火、火与土的关系。随着火的使用的推广和对锡、铜、铅、铁等地下矿产资源的认识，先民开始使用火来高温冶炼铜、锡、铅等矿石，炼制出青铜合金，制作出商后母戊鼎、越王勾践剑、战国曾侯乙编钟等比石器、木器、陶器更为坚实、精美的青铜工具、武器和礼乐器，从而拉开了中华民族文明史的序幕。

在劳动实践中，先民认识到土、水、火、木、金五种物质之间的关系：掘土为山可以阻遏洪水；木生火为土可以扩大耕地；火冶金可以炼制器具；木可以用来建筑房屋、制作器具、打造舟船；制作屋宇、舟车器具需要合金制作的工具刀砍斧斫，而锡、铜、铅、铁等矿产产自地下；粮食要种植在土里，需要水的灌溉；等等。人类自我生存、社会发展的过程，就是人类使用土、水、火、木、金五种材质的过程，因而《国语》中说："故先王以土与金、木、水、火杂，以成百物。"每一种物质都有其重要价值，不可或缺，故而《左传》中说："天生五材，民并用之，废一不可。"而且这五种物质涵盖了人类生活的各个方面，如《尚书》记载："水火者，百姓之所饮食也；金木者，百姓之所兴作也；土者，万物之所资生也，此五者是为人用。"同时，据《尚书》记载："水曰润下，火曰炎上，木曰曲直，金曰从革，土爰稼穑。润下作咸，炎上作苦，曲直作酸，从革作辛，稼穑作甘。"古人已经能够区分五种物质的外部物理形态、内部化学成分。这五种物质的发现和利用源于生存的需要，源于劳动生产的需要，更源于创物的需要和人类社会发展的需要。

对于土、水、火、木、金五种物质的物理化学属性的认识，反映了先民认知能力的提高，但也淡化了五种物质在劳动中的重要作用，突出了五种物质具有抽象意义的要素属性，从而使五种物质与古代农业社会生产劳动的联系开始模糊起来，而是将关注重点

[①] 卡尔·马克思，弗里德里希·恩格斯，2012. 马克思恩格斯选集[M]. 中共中央马克思恩格斯列宁斯大林著作编译局，编译. 北京：人民出版社.

放在了五种物质的次序上，如《尚书》记载："一曰水，二曰火，三曰木，四曰金，五曰土。"把五种物质润下、炎上、曲直、从革、稼穑的性质，以及咸、苦、酸、辛、甘的五味属性抽离出来，进一步揭示这五种物质的内在特征与外部联系，从五种物质之间的相生相克的关系上，反映了古代人类社会抽象思维水平的提高，试图用五种物质来解释世界，构建自己的自然观和哲学观，开启中国古代科学之基。我们必须认识到，对于五种物质的认识是在劳动实践中形成的，"（五行说）最初全是和农业生产相结合的带有朴素唯物主义色彩的早期科学"[①]。

今天，我们弘扬、传承和践行工匠精神，必须认识到工匠精神源自劳动，中华民族伟大的历史创举源自劳动，先民在劳动中创造了伟大的文明，在劳动中创造了巨大的社会财富，在劳动中推动中国社会不断向前发展。人类来自劳动，劳动创造一切。新时代大学生必须认识到劳动是价值之源、创造之源、幸福之源。

三、锻造知行合一的过硬本领

新时代大学生要努力学习专业知识，探求真知真理，不仅要知其然，更要知其所以然。大学生要不断培养自己的实践操作能力，通过劳动实践去验证所学的专业知识，从中反思自己学习中存在的问题和不足，重新思考自己对已有专业知识的认知，形成新的认知和创新思维能力，从而培养自己的创新能力，特别是科技创新能力。大学生要积极参加自己专业领域各类创新创业大赛，在竞赛中锻炼自己的独立思考能力、创新能力、沟通能力、解决问题的能力等。

（一）学习是培养工匠精神的前提

新时代大学生不仅要学习工匠精神，而且要具备工匠精神。大学生工匠精神的养成要以专业学习为前提，没有扎实的专业知识，传承工匠精神只能是一句空话，更不可能成为民族复兴伟业中的大国工匠。当前，传统产业转型升级、新的科技成果和新兴技术应用产生的新兴产业不断涌现，行业标准化水平日益提升，传统学科不断发展，新生学科、交叉学科不断出现，对专业技术人才高、精、深的要求越来越高，引发高校人才培养的新变化，专业知识的学习和掌握愈发重要，学校人才培养目标不断朝着高水平创新型、复合型、应用型发展。

在科技日新月异、知识更新速度越来越快、人才竞争日益激烈的今天，大学生无论未来的职业定位是第四次科技革命中的思想引领者，还是产业行业的技术人才，都需要

---

① 杨向奎，1962. 中国古代社会与古代思想研究[M]. 上海：上海人民出版社.

持之以恒地努力、心无旁骛地学习。正如一万小时定律：人们眼中的天才之所以卓越非凡，并非天资超人一等，而是付出了持续不断的努力。一万小时的锤炼是任何人从平凡变成世界级大师的必要条件。有一次鲁班在学艺过程中，老师傅问鲁班："一门手艺，有的人三个月就能学会，有的人得三年才能学会。学三个月和学三年有什么不同？"鲁班想了想回答："学三个月的，手艺扎根在眼里；学三年的，手艺扎根在心里。"老师傅轻轻地点了一下头。[①]鲁班学艺的故事正是中国古代劳动人民对技艺学习长期性、艰巨性的朴素认识，也是中国古代劳动人民对工匠精神的实践真知。

学习是成功的基础，学习也是涵养工匠精神的前提。大学是人生知识积累的重要阶段，大学生要如饥似渴、孜孜不倦地学习，要像海绵吸水一样汲取知识，努力掌握马克思主义立场观点和方法，提高人文素养，掌握科学文化知识和专业技能，在学习中增长知识，锤炼品格，成为创新型、复合型、应用型人才。

（二）勤勉是培养工匠精神的要务

学习要勤勉，时而勤奋、时而懒散是难以成才的。"切磋琢磨"是古代工匠在雕琢器物时不怠不倦、勤勤勉勉、孜孜以求、精益求精的工作写照，体现了古代匠人执着专注的工作态度。另外，学习态度端正与否导致的学习效果也大相径庭，如《孟子》所载："弈秋，通国之善弈者也。使弈秋诲二人弈，其一人专心致志，惟弈秋之为听；一人虽听之，一心以为有鸿鹄将至，思援弓缴而射之。虽与之俱学，弗若之矣。为是其智弗若与？曰：非然也。"师从弈秋学棋的两个弟子，投入的时间并无差异，但是专心钻研程度完全不同，一人心无旁骛、一心一意地学习，另一人则魂不守舍、心猿意马。这就说明学习态度直接影响学习成绩，人与人之间的差距不在于智商的高下，而在于勤勉与否。

庖丁解牛更是从用心钻研的角度阐释了如何培养工匠精神。宰杀牲畜本为枯燥的职业，但身为匠人的庖丁不是因循苟且，而是对工作倾注了极大心力，从"始臣解牛之时"到"方今之时"，庖丁解牛长达19年，他工作时心无旁骛、全神贯注，这种浑然忘我的工作状态正是诸多中国工匠真实的写照。

大国工匠高凤林从1980年进入工作岗位至今，一直从事火箭发动机焊接工作，火箭发动机焊接难度大，精度要求高，焊缝细如发丝，出神眨眼之间都可能会导致发动机报废。为保障焊接质量，高凤林做到连续焊接10多分钟不眨眼，把焊接技术当成了永无止境的学问来做，做到了焊工这个职业的极致。高凤林怀揣着一颗为国奉献的赤子之

---

① 刘敬余，2020. 中国民间故事[M]. 北京：北京教育出版社.

心，以高度严谨的工作态度，先后参与一系列重大航天工程并做出了突出贡献。

新时代大学生要以大国工匠为榜样，树立强国复兴有我的责任担当，将个人理想前途与中华民族伟大复兴事业紧密相连，为全面建设社会主义现代化国家而努力学习和奋斗。

（三）卓越是培养工匠精神的目标

随着计算机、互联网技术的发展，大数据时代的到来，互联网中的知识存量越来越多，人类获取知识的渠道也越来越多元化，知识的壁垒、垄断被进一步打破，知识以前所未有的速度在传播和更新，人与人之间的知识差距越来越小。对于身处信息时代的大学生来说，"学什么"等知识来源途径问题已不再是困扰专业学习的关键因素，而"怎么学""做什么"等认知问题对学习效果的影响愈发凸显。让优秀成为一种常态的前提是让学习成为一种习惯，在持续学习中形成个人专长，既要学好，更要好学，在学以致用中走向卓越。

学好，即大学生"学什么"，是专业学习的基本要求，是大学生对于自然科学和人文知识的学习、理解和把握，是对人类客观规律的再认识和深化。

好学，即大学生"怎么学"，是大学生在已经学习、理解和把握已有知识和规律的基础上，对发展变化着的知识和未知规律的主动探索，是个人学习态度、主观能动性、学习习惯的综合体现。好学，不仅仅是为了学好，为了掌握知识，或者为了在考试中考取高的分数，更是为了培养个人探索问题、解决问题的思维和意识，运用已有知识和技能解决现实问题的能力。

大学阶段，学好更多的是以优秀的学业成绩为体现，以学历证书为标志；好学是以良好的专业技术能力、创新创业能力为体现，以职业技能证书为标志。学历证书是基础，职业技能证书是强化和拓展。学历证书展示的是学习水平，职业技能证书展示的是应用能力。职业技能证书考试是新技术、新工艺、新规范、新要求融入现代人才培养体系的具体体现，是社会通过证书考试制度倒逼学校、学生主动适应科技发展新趋势和就业市场新需求，大学生要结合自身专业方向考取专业领域的职业技能证书，以适应经济社会发展的新需求。因此，大学生要想成为某一领域的高水平复合型、应用型人才，在大学期间不仅要解决"学什么""怎么学"的问题，更要解决"做什么"的问题。只有这样，才能一步步从理论走向实践，从学校走向社会。

深入思考

1. 大学生如何践行工匠精神？

2. 中国古代工匠精神的优秀品质有哪些？

3. 为什么说劳动是工匠精神之源？

4. 分别列举你心目中古代中国和现代中国最能代表工匠精神的 5 位人物，并给出理由。

推荐阅读

1. 朱江，齐芳，2015. 85 项中国古代重要科技发明创造[N]. 光明日报，2015-01-28（6）.

2. 杨维增译注，2021. 天工开物[M]. 北京：中华书局.

3. 诸雨辰译注，2016. 梦溪笔谈[M]. 北京：中华书局.

第四章
劳动与劳动教育

学习目标

1. 理解劳动及劳动教育的内涵及特征，掌握大学生劳动教育的目标、内容、途径及评价。

2. 了解新中国高校劳动教育的发展历程，掌握新时代高校劳动教育的价值与使命。

3. 体悟劳动及劳动教育的价值，树立正确的劳动观念。

本章导读

```
                    劳动与劳动教育
                         |
          ┌──────────────┴──────────────┐
          |                             |
    劳动及劳动教育概述          新时代高校劳动教
                            育的价值与使命
          |                             |
  ┌───┬───┬───┬───┬───┐         ┌───┬───┬───┐
```

- 劳动的内涵及要素
- 劳动教育的内涵及特征
- 新中国高校劳动教育的发展历程
- 大学生劳动教育的目标及内容
- 大学生劳动教育的途径及评价
- 劳动教育奠基中国梦
- 劳动教育完善育人体系
- 劳动教育打造时代新人

⊙问题导入⊙

正确理解和全面实施劳动教育

劳动是人最基本的存在方式。通过劳动，人们改变自己也改变了社会。劳动构筑了人类文明的阶梯，我们要"以劳动托起中国梦"。就个体而言，劳动是能力，也是品质，它并不是天然形成的，而是经过后天的培育养成的。以全面育人为目的的教育自然要重视劳动教育，重视劳动素养的全面提升和培养。在劳动素养的培养方面，每种劳动都有其价值和意义，因此我们要全面实施劳动教育。然而，在一线教育实践中，劳动教育往往被片面理解和实施，曾一度被狭隘地理解为生产劳动教育，现在有的被片面理解为体力劳动教育或劳动技术教育等。为了全面实施劳动教育，我们要正确理解劳动教育，正确实施劳动教育。

（资料来源：严从根，舒晴，2022. 正确理解和全面实施劳动教育[N]. 中国社会科学报，2022-05-20（4），有删改.）

思考：

1. 新时代劳动教育的内涵包括哪些？

2. 为培养时代新人，高校劳动教育可以做哪些工作？

第一节 ┃ 劳动及劳动教育概述

一、劳动的内涵及要素

（一）劳动的内涵

劳动是创造物质财富和精神财富的过程，是人类特有的基本社会实践活动。劳动是人类社会生存和发展的基础。在经济学中，劳动是指劳动力（含体力和脑力）的支出和使用。劳动是人类活动的一种特殊形式，按照传统的劳动分类理论，劳动可分为脑力劳动和体力劳动两大类。马克思主义劳动观认为劳动是人类的本质活动，是区分人与动物的重要标志。

（二）劳动的要素

劳动的要素包括：劳动客体（劳动对象）、劳动中介（劳动工具）、劳动主体（劳动者）。劳动是这三要素所组成的静态结构及这三要素相互作用的动态过程。

1. 劳动客体

劳动客体，又称为劳动对象，是劳动活动作用于其上的客观物质实体。一般而言，劳动客体包括两大类：①未经人类改造的天然的、纯粹自然的客体；②经过人类改造的人工客体。前者不包含人的劳动，后者则是天然客体与人的劳动活动的合成物，即已经物化、凝结了人的劳动活动。

2. 劳动中介

劳动中介，又称为劳动工具，是人类赖以与自然界进行物质交换的桥梁和通道，是人类实现改造自然、创造物质财富的目的的绝对必要手段。劳动中介不仅仅实现了劳动生产力的量的增长，更重要的是它使人的劳动与动物的活动具有了本质区别。可以说，制造和使用工具是劳动的本质特征。

3. 劳动主体

劳动主体，又称为劳动者，是整个劳动过程的出发点，是直接物质资料生产的发起者，是通过制造和使用工具改造自然界的积极的、主动的、能动的创造力量。劳动者的积极性、主动性、能动性和创造性表现在以下几方面：①劳动者是劳动目的的设定者，劳动或者是为了满足劳动者的自然物质需要，或者是为了满足劳动者的主体性需要，或者是为了同时满足这两种需要；②劳动者是劳动计划的制订者，劳动总是按照劳动者事先制定的程序和蓝图而展开的；③劳动者是劳动工具的制造者和使用者，即使是智能化和自动化的劳动工具，最终也离不开劳动者的设计、制作、操纵和控制；④劳动者是劳动对象的发现者、加工者和改造者；⑤劳动者是劳动结果，即劳动产品的吸收者和消化者，他们不仅把劳动产品看作是劳动目的的实现和对自己辛勤劳动的回报，而且将其看作是自己主体性力量的实现和确证。人们不仅通过物质消费活动吸取来自自然界的物质、能量和信息，而且通过精神消费活动来吸取劳动产品中所包含的精神价值和意义。[①]

---

① 潘维琴，王忠诚，2021. 劳动教育与实践[M]. 北京：机械工业出版社.

二、劳动教育的内涵及特征

（一）劳动教育的内涵

劳动教育是以提升学生劳动素养的方式促进学生全面发展的教育活动。由于劳动价值观是劳动素养的核心内涵，劳动教育也可以定义为：劳动教育是以促进学生形成劳动价值观（即确立正确的劳动观点、积极的劳动态度、热爱劳动和劳动人民等）、养成良好劳动素养（形成劳动习惯、有一定劳动知识与技能、有能力开展创造性劳动等）为目的的教育活动。[①]

在劳动价值观方面，劳动教育要努力帮助学习者：①确立正确的劳动观点、积极的劳动态度，拒绝"好逸恶劳""不劳而获"等错误价值观；②形成尊重和热爱劳动过程、劳动成果和劳动主体（劳动人民）的价值态度。

在养成良好劳动素养方面，劳动教育要特别强调：①促进学生具备一定劳动知识与技能，成为全面发展的人；②发展学生创造性劳动的潜质，成为新时代所需要的创造性劳动者；③形成良好的劳动习惯，成为一个"流自己的汗、吃自己的饭"、有尊严、有教养的现代人。

（二）劳动教育的特征

劳动教育作为以提升学生劳动素养的方式促进学生全面发展的教育活动，具有如下基本特征。

1. 劳动教育具有普通教育的特征

劳动教育旨在落实全面发展的教育方针，具有普通教育的属性。从马克思主义经典作家开始，"教育与生产劳动相结合"等劳动教育命题的着眼点就在于培育在体力、脑力上均获得全面发展的人。劳动教育具有立德、益智、健体、育美等较为全面的教育功能。因此，虽然职业教育往往包含较多的劳动教育成分，但劳动教育却是覆盖不同教育类型（职业教育、普通教育、大中小幼不同学段）和教育形态的教育。然而，由于这一普通教育的属性，劳动教育在基础教育阶段具有更为重要的意义。

---

① 檀传宝，2020. 劳动教育论要：现实畸变与起点回归[M]. 北京：北京师范大学出版社.

2. 劳动教育具有价值教育的属性

劳动教育区别于当代社会以发展基础技术能力为核心目标的"通用技术教育"等概念。劳动教育所要培育的劳动素养，当然包括形成劳动习惯、有一定劳动知识与技能、有能力开展创造性劳动等，但正确的劳动价值观才是劳动素养的核心。虽然劳动教育的开展离不开具体的劳动形式及专门劳动技术的学习，但真正健康的劳动教育则应当是注重核心目标的达成，即努力帮助学生确立正确的劳动观点、积极的劳动态度，努力帮助他们形成尊重、热爱劳动过程、成果和劳动主体（劳动人民）的价值态度。

3. 劳动教育具有强烈的时代特征与社会属性

由于人类劳动的形态处于不断演进的过程之中，劳动形态也在不断变化，具体表现为脑力劳动的比重不断增加、新形态的劳动不断形成。所以，劳动教育包括参加体力劳动，但又不能狭隘地理解为简单的体力劳动锻炼。劳动教育应依据劳动形态的演进而与时俱进。学校创造条件让学生参加服务形态的劳动、创造性劳动等，应当成为当代劳动教育的新方向。此外，劳动价值观形成的基础是社会大众对劳动价值的真实确认，若社会没有尊重劳动的分配机制与舆论氛围，学校的劳动教育必然孤掌难鸣，难有实质成效。因此，学校必须与家长和社会携手合作才能取得劳动教育的实效。在当前形势下应当大力倡导劳动教育，但劳动教育要落到实处，其观念与实践无疑都应当与时俱进。

三、新中国高校劳动教育的发展历程

高校劳动教育主要集中在课程及实践方面，新中国成立以来高校劳动教育经历一系列的变迁。高校劳动教育在发展过程中有四个重要时间点：①1958年生产劳动首次列为正式课程；②1978年高校劳动教育恢复发展；③1985年教育体制改革；④2018年全国教育大会的召开。根据这四个重要时间点及其阶段特征可以看出，新中国高校劳动教育经历了曲折探索期、恢复发展期、实践融合期和全面育人期。[①]

党的十八大以来，我国取得了全方位的、开创性的成就，发生了深层次的、根本性的变革，中国特色社会主义进入了新时代。立足新时代，劳动及劳动教育被赋予重要的意义和地位。高校劳动教育在目标上增加了培养学生劳动精神的要求，在教育方式上不断拓宽途径，以促进学生德智体美劳全面发展，劳动教育进入新的全面育人发展期。

---

① 汪萍，2020. 高校劳动教育的发展历程、基本经验与进路选择[J]. 黑龙江高教研究（12）：12-16.

党的十八大以来，习近平总书记关于劳动及劳动教育的重要论述是新时代劳动教育工作的根本遵循和行动指南。2018年，全国教育大会明确提出德智体美劳全面发展的人才培养目标，把劳动教育列入全面发展教育理念和教育方针之中。2020年3月，中共中央、国务院颁布的《关于全面加强新时代大中小学劳动教育的意见》，将新时代劳动教育的总体目标概括为："通过劳动教育，使学生能够理解和形成马克思主义劳动观，牢固树立劳动最光荣、劳动最崇高、劳动最伟大、劳动最美丽的观念；体会劳动创造美好生活，体认劳动不分贵贱，热爱劳动，尊重普通劳动者，培养勤俭、奋斗、创新、奉献的劳动精神；具备满足生存发展需要的基本劳动能力，形成良好劳动习惯。"[①]这一表述从观念、精神、习惯三个方面阐释了劳动教育的总体目标，是对以往劳动教育目标的升华和完善，彰显了时代发展的要求。

四、大学生劳动教育的目标及内容

（一）大学生劳动教育的目标

加强劳动教育是新时代党对教育的新要求，是中国特色社会主义教育制度的重要内容，是全面发展教育体系的重要组成部分，是大中小学必须开展的教育活动。劳动教育是社会主义教育的重要特征，它以马克思主义"人的全面发展"学说为指导，经典作家论述为劳动教育提供了坚实的理论基础。在社会主义教育中，劳动教育既是教育内容，也是教育目的，意在培养广大学生的劳动本领和正确的劳动价值观，保持作为社会主义接班人和建设者的光荣本色。从这个意义上来说，劳动教育是培养社会主义建设者和接班人的重要途径。

劳动育人的目标是全面发展。在社会主义社会，劳动人民是主体，时代新人是劳动人民的重要来源和关键人群。高校要培养时代新人，必须兼顾人和社会的共同诉求，以多元化、高质量的劳动教育培养全面发展的人。

《大中小学劳动教育指导纲要（试行）》指出，当前我国劳动教育的总体目标在于，准确把握社会主义建设者和接班人的劳动精神面貌、劳动价值取向和劳动技能水平的培养要求，全面提高学生劳动素养，使学生达到四个方面的目标。①树立正确的劳动观念。正确理解劳动是人类发展和社会进步的根本力量，认识劳动创造人、创造价值、创造财富、创造美好生活的道理，尊重劳动，尊重普通劳动者，牢固树立劳动最光荣、劳动最

---

① 中共中央、国务院，2020. 关于全面加强新时代大中小学劳动教育的意见[EB/OL].（2020-03-26）[2023-09-20]. https://www.gov.cn/zhengce/202003/26/content_5495977.htm?eqid=f058209c000670cb00000003645d91b4.

崇高、劳动最伟大、劳动最美丽的思想观念。②具有必备的劳动能力。掌握基本的劳动知识和技能，正确使用常见劳动工具，增强体力、智力和创造力，具备完成一定劳动任务所需要的设计、操作能力及团队合作能力。③培育积极的劳动精神。领会"幸福是奋斗出来的"内涵与意义，继承中华民族勤俭节约、敬业奉献的优良传统，弘扬开拓创新、砥砺奋进的时代精神。④养成良好的劳动习惯和品质。能够自觉自愿、认真负责、安全规范、坚持不懈地参与劳动，形成诚实守信、吃苦耐劳的品质。珍惜劳动成果，养成良好的消费习惯，杜绝浪费。[①]

普通高等院校对大学生的劳动教育，要注重围绕创新创业，结合学科专业开展生产劳动和服务性劳动，积累职业经验，培育创造性劳动能力和诚实守信的合法劳动意识。通过大学生劳动教育，达到以下目标：①掌握通用劳动科学知识，深刻理解马克思主义劳动观和社会主义劳动关系，树立正确的择业就业创业观，具有到艰苦地区和行业工作的奋斗精神；②巩固良好的日常生活劳动习惯，自觉做好宿舍卫生保洁，独立处理个人生活事务，积极参加勤工助学活动，提高劳动自立自强能力；③强化服务性劳动，自觉参与教室、食堂、校园场所的卫生保洁、绿化美化和管理服务等，结合"三支一扶"、大学生志愿服务西部计划、"青年红色筑梦之旅"、"三下乡"等社会实践活动开展服务性劳动，强化公共服务意识和面对重大灾害等危机主动作为的奉献精神；④重视生产劳动锻炼，积极参加实习实训、专业服务和创新创业活动，重视新知识、新技术、新工艺、新方法的运用，提高在劳动实践中发现问题和创造性解决问题的能力，在劳动实践的过程中创造有价值的物化劳动成果。

（二）大学生劳动教育内容

劳动教育的内容主要包括日常生活劳动、生产劳动和服务性劳动中的知识、技能与价值观。日常生活劳动教育立足个人生活事务处理，结合开展新时代校园爱国卫生运动，注重生活能力和良好卫生习惯的培养，树立自立自强意识。生产劳动教育要让学生在工农业生产过程中直接经历物质财富的创造过程，体验从简单劳动、原始劳动向复杂劳动、创造性劳动的发展过程，学会使用工具，掌握相关技术，感受劳动创造价值，增强产品质量意识，体会平凡劳动中的伟大。服务性劳动教育让学生利用知识、技能等为他人和社会提供服务，在服务性岗位上见习实习，树立服务意识，实践服务技能；在公益劳动、志愿服务中强化社会责任感。

新时代的教育使命赋予劳动教育以新的时代内涵，就教育的内容而言，其核心是要

---

① 中华人民共和国教育部，2020. 教育部关于印发《大中小学劳动教育指导纲要（试行）》的通知[EB/OL].（2020-07-07）[2023-09-20]. http://www.gov.cn/zhengce/zhengceku/2020-07/15/content_5526949.htm.

求大学生树立尊崇劳动的价值理念，养成诚实守法的劳动素养，培养奋斗奉献的劳动精神及提高创新创造的劳动能力。[①]

1. 树立尊崇劳动的价值理念

价值理念是指个体对某一事物的基本认知和价值取向，它构成个体行动的深层动力，并对其行为方向产生重要影响。首先，劳动是创造人类存在本质的活动，引导大学生树立尊重劳动的价值理念，就是要尊重和保护一切有益于人民和社会的劳动，体认劳动不分贵贱。社会主义社会的劳动虽有分工，但不论是体力劳动、简单劳动、传统劳动，抑或是脑力劳动、复杂劳动、智慧劳动，都是社会和人民需要的劳动，应该得到承认和尊重。其次，劳动是创造价值的唯一源泉，引导大学生树立崇尚劳动的价值理念，就是要树立"劳动最光荣、劳动最崇高、劳动最伟大、劳动最美丽"的观念，体会劳动创造美好生活。其次，面对生活中部分好逸恶劳、幻想不劳而获的大学生，要引导他们亲历劳动过程，通过辛勤劳动创造自己的幸福生活。最后，树立尊敬劳动者的价值理念，重在引导大学生尊重普通劳动者，任何时候、任何人都不能看不起普通劳动者，增强对劳动人民的感情。劳动者是生产力诸要素中最为活跃和最富有创造性的要素，是人民群众的主体部分，也是历史前行的推动者，为人类社会创造物质财富并为精神财富的创造提供条件。虽然劳动者的社会分工不同，但是一切从事社会主义建设事业的自食其力的劳动者都值得尊敬。因此，要引导大学生尊重和敬爱劳动者，向劳动人民学习，从劳动群众中汲取智慧和力量。

2. 养成诚实守法的劳动素养

新时代大学生劳动教育要帮助大学生养成诚实守法的劳动素养，具体要引导他们形成自觉劳动的意识、诚实劳动的意愿、守法劳动的意识。首先，养成自觉劳动的意识。帮助大学生养成自觉劳动的意识，重在引导他们正确认知劳动以增强劳动幸福感和自豪感，鼓励他们积极参与劳动以提高劳动主动性和自觉性，激励他们用心感受劳动以提升劳动成就感和满足感，从而帮助他们养成热爱劳动、乐于劳动、善于劳动并享受劳动的行为习惯。其次，养成诚实劳动的意愿。帮助大学生养成诚实劳动的意愿，就是帮助他们形成脚踏实地劳动的做法，形成实事求是劳动而非弄虚作假劳动的想法，形成真心实意劳动的态度，将诚实守信的道德品质贯穿劳动全过程。最后，养成守法劳动的意识。帮助大学生养成守法劳动的意识，重在帮助他们形成在法律范围内劳动的意识，在整个

---

① 马志霞，黄朝霞，2021. 新时代大学生劳动教育的价值意蕴、核心内容及实践策略[J]. 中国大学教学（10）：60-66，78.

劳动过程中做到心必敬法、言必合法、行必遵法，并将这种意识转化为一种发自内心的自觉自愿行为。

3. 培养奋斗奉献的劳动精神

劳动精神是指个体在从事劳动过程中所形成的、为个体所认同与追求的一种价值取向、思维方式、道德规范和精神气质的总和。劳动精神对个体的劳动实践具有重要的推动作用，是个体风貌形象的反映和人生境界的体现，更是社会发展的重要支撑力量。新时代大学生劳动教育要帮助大学生培养奋斗奉献的劳动精神，就是要引导他们形成吃苦耐劳的奋斗精神、精益求精的工匠精神、甘于奉献的劳模精神。

大学生劳动精神培育的首要任务就是引导他们形成一种不怕吃大苦和耐大劳的情怀。实现目标的过程不会顺利，甚至充满压力与坎坷、痛苦与挫折，因此要培养大学生永葆拼劲和闯劲的勇气，不怕困难和无惧挑战的意志，为达目标坚韧不拔和一往无前的精神。培养大学生精益求精的工匠精神，既要培养他们淡泊名利的坚守，不管是在校的学习研究还是未来的工作发展，都要耐得住寂寞、禁得住诱惑、守得住清贫；又要培养他们矢志不移的奋斗精神，不管是学一行爱一行，还是干一行爱一行，都不轻言放弃；还要培养他们永不满足的追求，任何专业和岗位只要肯学肯干肯钻研，做到专一行精一行都能有所作为。培养大学生的劳模精神，就是要引导他们形成甘于奉献的精神品质，重在养成不怕吃亏的心态，在工作与生活中不计较个人名利得失、不在乎一时一地的得失。重在树立主动作为的追求，做到心系祖国和人民并主动承担社会责任，做到在为社会奉献中实现人生价值。

4. 提高创新创造的劳动能力

劳动能力是指个体在从事劳动工作过程中所体现出来的一种综合素质，是个体劳动知识、劳动理念、劳动素养、劳动精神等方面的体现。伴随社会分工的日益精细化，社会对劳动者能力的要求也越来越专业。但是，除了专业劳动能力的提升之外，劳动教育发展对学生劳动共通能力的培养，也就是培养他们具备满足生存发展需要的基本劳动能力。产业结构的转型升级对劳动者创新创造能力的要求不断提高，劳动教育旨在帮助大学生提高自主劳动、智慧劳动及创新劳动的能力。

自主劳动的能力是大学生依靠自身智慧面对劳动、参与劳动和推进劳动的能力，强调个体的自主自觉和独立主动。新时代劳动教育要培养大学生自我管理的能力，即自我组织参与劳动、自我激励热爱劳动、自我约束守法劳动的能力。以人工智能、大数据、云计算等新一代信息技术为支撑的新产业、新业态、新模式近年来得到迅速发展，智慧劳动是对此变化的积极应对。提高大学生智慧劳动的能力，既要培养他们跨学科深度学习知识的能力，以复合型劳动者的姿态适应跨界融合的趋势；也要培养他们善于用脑和勤于思考的能力，以智慧型劳动者的姿态应对群智开放的趋势；还要提升他们团队协作尤其是人机协同的劳动能力，做到既能发挥自己的劳动技能，又能提升劳动的效率。创新劳动是个体为了发展需要利用现有知识和物质，打破常规、突破现状进行再创造的实践活动。新时代大学生劳动教育就重在培养他们敢为人先、独辟蹊径的勇气，以及帮助他们不断增强自身原创型劳动和改进型劳动的能力。

拓展阅读 4-1

2020年3月，中共中央、国务院颁布《关于全面加强新时代大中小学劳动教育的意见》后，各地创建了一批劳动教育实践基地，带动劳动教育走深走实。在北京，北京农业职业学院、中国农业机械化科学研究院等4个市级学工学农基地投入使用，学生可以在下田插秧、磨豆腐、做酸奶等过程中感受劳动的不易与伟大；在上海，农场、职业院校、社区街道等资源被整合，为学生提供农业劳作、加工制造、服务体验、创新实验的系统化劳动实践场景。

五、大学生劳动教育的途径及评价

（一）大学生劳动教育的途径[①]

大学生劳动教育要将劳动教育纳入人才培养全过程，丰富、拓展劳动教育实施途径。具体途径有以下几方面。

1. 独立开设劳动教育必修课

普通高等学校要将劳动教育纳入专业人才培养方案，明确主要依托的课程，可在已有课程中专设劳动教育模块，也可专门开设劳动专题教育必修课，本科阶段不少于 32 学时；课程内容应加强马克思主义劳动观教育，普及与学生职业发展密切相关的通用劳动科学知识，并经历必要的实践体验。

---

① 中华人民共和国教育部，2020. 教育部关于印发《大中小学劳动教育指导纲要（试行）》的通知[EB/OL]. (2020-07-07) [2023-09-20]. http://www.gov.cn/zhengce/zhengceku/2020-07/15/content_5526949.htm.

2. 在学科专业中有机渗透劳动教育

普通高等学校要将劳动教育有机纳入专业教育、创新创业教育，不断深化产教融合，强化劳动锻炼要求，加强高等学校与行业骨干企业、高新企业、中小微企业协同合作，推动人才培养模式改革。专业类课程主要与服务学习、实习实训、科学实验、社会实践、毕业设计等相结合开展各类劳动实践，注重分析相关劳动形态发展趋势，强化劳动品质培养。在公共必修课中，要进一步强化马克思主义劳动观教育、劳动相关法律法规与政策教育。

3. 在课外校外活动中安排劳动实践

深化对劳动价值的理解。将劳动教育与学生的个人生活、校园生活和社会生活有机结合起来，丰富劳动体验，提高劳动能力，普通高等学校要明确生活中的劳动事项和时间，纳入学生日常管理工作。高校每学年设立劳动周，采用专题讲座、主题演讲、劳动技能竞赛、劳动成果展示、劳动项目实践等形式进行。普通高等学校兼顾校内外，可在各学年内或寒暑假安排，以集体劳动为主，由学校组织实施。高等学校也可安排劳动月，集中落实各学年劳动周要求。

4. 在校园文化建设中强化劳动文化

学校要将劳动习惯、劳动品质的养成教育融入校园文化建设之中。要通过制定劳动公约、每日劳动常规、学期劳动任务单，采取与劳动教育有关的兴趣小组、社团等组织形式，结合植树节、学雷锋纪念日、五一劳动节、农民丰收节、志愿者日等，开展丰富的劳动主题教育活动，营造劳动光荣、创造伟大的校园文化。要举办劳模大讲堂、大国工匠进校园、优秀毕业生报告会等劳动榜样人物进校园活动，组织劳动技能和劳动成果展示，综合运用讲座、宣传栏、新媒体等，广泛宣传劳动榜样人物事迹，特别是身边的普通劳动者事迹，让师生在校园里近距离接触劳动模范，聆听劳模故事，观摩精湛技艺，感受并领悟勤勉敬业的劳动精神，争做新时代的奋斗者。

（二）大学生劳动教育评价

普通高等学校要将劳动素养纳入大学生综合素质评价体系。以劳动教育目标、内容要求为依据，将过程性评价和结果性评价结合起来，健全和完善大学生劳动素养评价标准、程序和方法，鼓励、支持各地利用大数据、云平台、物联网等现代信息技术手段，开展劳动教育过程监测与即时评价，发挥评价的育人导向和反馈改进功能。

1. 平时表现评价

要在平时劳动教育实践活动中及时进行评价，以评价促进学生发展。要覆盖各类型劳动教育活动，明确学年劳动实践类型、次数、时间等考核要求。关注大学生在劳动教育活动中的实际表现，注重从行为表现中分析和把握劳动观念形成情况。以自我评价为主，辅以教师、同伴、家长、服务对象、用人单位等他评方式，指导大学生进行反思改进。要指导大学生如实记录劳动教育活动情况，收集整理相关制品、作品等，选择代表性的写实记录，纳入综合素质档案，作为大学生学年评优评先的重要参考。

2. 毕业综合评价

高等教育一个学段结束时，要依据学段目标和内容，结合综合素质档案分析，兼顾必修课学习和课外劳动实践，对劳动观念、劳动能力、劳动精神、劳动习惯和品质等劳动素养发展状况进行综合评定。建立诚信机制，实行写实记录抽查制度，对弄虚作假者在评优评先方面一票否决，性质严重的应依法依规处理。在大学开展志愿者星级认证，高等学校要将考核结果作为毕业依据之一，推动将学段综合评价结果作为学生升学、就业的重要参考。

3. 开展大学生劳动素养监测

将大学生劳动素养监测纳入普通高等学校本科教学质量评估。可委托有关专业机构，定期组织开展关于大学生劳动素养状况调查，注重大学生劳动观念、劳动能力、劳动精神、劳动习惯和品质等的监测，发挥监测结果的示范引导、反馈改进等功能。

拓展阅读 4-2

西安翻译学院多举措推进劳动教育

近年来，西安翻译学院将劳动教育纳入专业人才培养全过程，制定劳动教育基地建设规划，构建劳动教育课程体系，合理安排学生课外劳动时间，不断探索新时代劳动教育新路径。

该学院将劳动教育和专业学习相融合，开设劳动教育理论课和劳动教育实践课，培养学生公共服务意识；注重创新创业教育，结合专业特点，积极开展实习实训、专业服务、社会实践、勤工助学等活动，教会学生重视新技术、新方法的应用，创造性地解决实际问题；增强学生诚实劳动的意识，积累职业经验，提升就业创业能力，引导学生树立正确的就业观和择业观。

　　该学院打造劳动实践育人平台。利用劳动教育实践基地，开展与农场种植生态环境建设密切相关的生产劳动，学习种植技术，引导学生体会劳动人民的艰辛与智慧，弘扬吃苦耐劳的中华民族传统美德；将劳动教育与学生日常管理相结合，鼓励学生积极参加日常性劳动和勤工助学活动，不断提高学生独立处理个人生活事务的能力。

（资料来源：作者根据相关资料整理改编而成。）

第二节 ┃ 新时代高校劳动教育的价值与使命

　　大学生肩负实现中华民族伟大复兴中国梦的历史使命，新时代高校劳动教育关涉中国特色社会主义教育制度的完善和培养时代新人的未来指向。新时代高校劳动教育的价值与使命突出体现在以下几方面。

一、劳动教育奠基中国梦

　　坚持劳动教育是对马克思主义劳动观的继承和发展，是植根于中国人内心的民族基因，劳动教育直接决定社会主义建设者和接班人的劳动价值取向、劳动精神风貌和劳动素养水平，助推中华民族伟大复兴中国梦的实现。新时代大学生与"两个一百年"奋斗目标同向同行，是实现中华民族伟大复兴中国梦的接班人，因此必须深化正确的劳动价值观。

二、劳动教育完善育人体系

　　新时代中国特色社会主义教育性质决定了培养有劳动素养的时代新人是中国教育的价值旨归之一。劳动教育是中国特色社会主义教育制度的重要组成部分，也关系到高校培养什么人、如何培养人、为谁培养人的根本问题。加强大学生劳动教育是要引导大学生充分认识劳动的价值，深刻理解劳动教育的内涵，培养热爱劳动、尊重劳动者、珍惜劳动成果的情感态度，塑造诚实劳动的优良品德，养成勤于劳动的自觉习惯，涵养创造劳动的青春气魄。有目的、有计划地组织大学生参加生产劳动和服务性劳动，有利于提高大学生就业择业、适应社会的能力，有利于形成更高水平的人才培养体系，有利于培养德智体美劳全面发展的新时代人才，从而加快推进教育现代化，建设教育强国。

三、劳动教育打造时代新人

劳动教育的核心是劳动价值观教育，劳动价值观直接影响大学生走上就业岗位后的就业取向、社会责任。培育大学生的劳动精神，使他们始终保持锐意进取、奋发有为的精神状态，通过劳动教育增进大学生对劳动"四最"的价值认知，厚植崇尚劳动、尊重劳动的情怀，养成辛勤、诚实、创新劳动的习惯，做"懂劳动、会劳动、爱劳动"的时代新人，练就过硬本领，成为知识型、技能型、创新型的高素质劳动者，才能担当起社会主义建设的重任。[①] 新时代高校劳动教育打造时代新人，要着力做好以下几方面。

（一）强化劳动观念，弘扬劳动精神

将劳动观念和劳动精神教育贯穿人才培养全过程，贯穿家庭、学校、社会各方面。注重让学生在学习和掌握基本劳动知识技能的过程中，领悟劳动的意义和价值，形成勤俭、奋斗、创新、奉献的劳动精神。2020 年 3 月，中共中央、国务院印发《关于全面加强新时代大中小学劳动教育的意见》，对新时代大中小学开展劳动教育做了全面深入的顶层设计和统筹安排，是培养德智体美劳全面发展的社会主义建设者和接班人的具体落实。面对深刻复杂的国内外形势变化，面对接过新时代接力棒的青年人，担负"立德树人"根本任务的高校必须深刻认识到，引导学生树立马克思主义劳动观是新时代高校劳动教育的重要使命任务。[②]

（二）开展身心参与、手脑并用的劳动实践

把握劳动教育的根本特征，让学生面对真实的个人生活、生产和社会性服务任务情境，亲历实际的劳动过程，善于观察和思考，注重运用所学知识解决实际问题，提高劳动质量和效率。

（三）继承优良劳动传统，彰显新时代劳动特征

在充分发挥传统劳动、传统工艺项目育人功能的同时，紧跟科技发展和产业变革，准确把握新时代劳动工具、劳动技术、劳动形态的新变化，创新劳动教育内容、途径、

---

① 潘维琴，王忠诚，2021. 劳动教育与实践[M]. 北京：机械工业出版社.
② 罗建晖，高廷璧，2020. 引导学生树立马克思主义劳动观是新时代高校劳动教育的重要使命任务[J]. 北京教育（德育）（4）：45-47.

方式，增强劳动教育的时代性。

（四）增强劳动实践体验，激发创新创造

关注学生劳动过程中的体验和感悟，引导学生感受劳动的艰辛和收获的快乐，增强学生的获得感、成就感、荣誉感。鼓励学生在学习和借鉴他人丰富经验、技艺的基础上，尝试新方法、探索新技术，打破僵化思维方式，推陈出新。

深入思考

1. 劳动教育的基本特征有哪些？
2. 新时代大学生劳动教育的目标是什么？其核心内容有哪些？
3. 新时代高校劳动教育的价值与使命是什么？

推荐阅读

1. 檀传宝，2020. 劳动教育论要：现实畸变与起点回归[M]. 北京：北京师范大学出版社.
2. 马志霞，黄朝霞，2021. 新时代大学生劳动教育的价值意蕴、核心内容及实践策略[J]. 中国大学教学（10）：60-66，78.
3. 张志，邬思源，2021. 新中国成立以来高校劳动教育的发展历程及其经验探析[J]. 青年发展论坛（3）：71-81.

第五章
劳动及其价值观的发展

学习目标

1. 了解中国特色社会主义劳动价值观的内容。
2. 理解马克思主义劳动价值观。
3. 运用马克思主义劳动价值观指导劳动实践。

本章导读

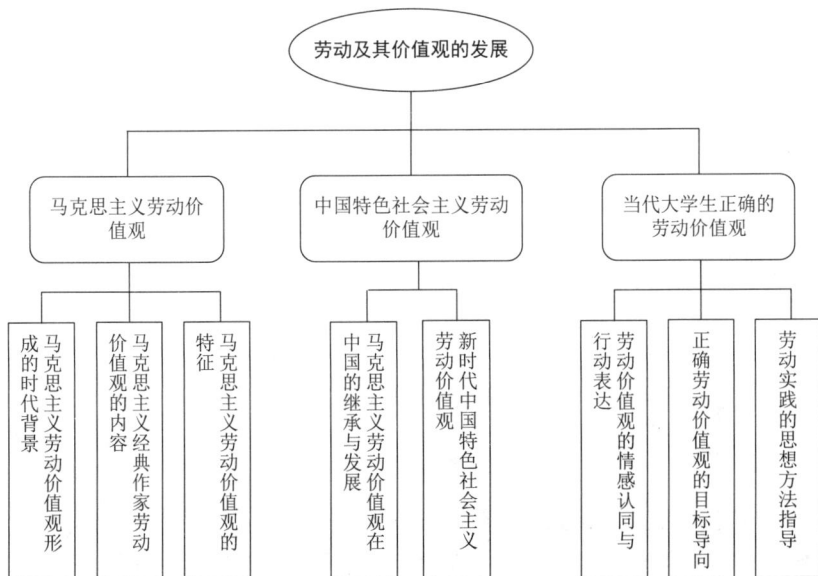

管好绿地种好菜，在春耕秋收中学会成长
——劳动教育是每名大学生的必修课

"我们班的菜园，一个超长寒假不见，都快荒芜了。原本准备这个学期种植有机花菜，现在还没开学，不知道是否还来得及？""去年我们种的油菜，都没看到开花，再过段时间直接可以收获菜籽了。""我们班级负责的绿地，一个寒假过去，都长杂草了。现在开学了，我们一定要好好养护照顾，让班级负责的绿地更加精致、美丽。"浙江农林大学各年级学生返校后担心的是自己亲自耕种、管理的菜地、农作园、草坪等。

1. 60余年鼓励学生参加劳动

浙江农林大学 1958 年建校，从那时起就将劳动课设置为全体学生的必修课，锄头的使用更是农林学子必须掌握的技能。在农学院，每个班级都有一块属于自己的土地，大家在地里劳动，感受劳动的意义。到了期末的时候，老师会根据学生的劳动进行打分，综合评价学生的劳动成果。学生们也在劳动中收获友谊和成长，学会珍惜和感恩。

在新时代背景下，学校更是丰富了劳动的项目，将所有的绿地分给各个班级管护，鼓励学生参与校园里的绿地管护、植树锄草等传统的体力劳动。除此之外，学校还经常组织学生在校内农作园里参与挖番薯、割水稻、收大豆、收玉米、播种土豆和油菜等各种农业劳动。

2. 开辟农作园提供实践平台

学校专门在校园里开辟了面积达百亩（1 亩≈666.67 平方米，下同）的学生农作园，并将相关土地分配给大一、大二农学类专业的班级，鼓励这些班级的学生在菜地里种瓜种菜，利用课余时间管理菜地、开展生产劳动。为了加强理论与实践相结合，学校还专门聘请了附近村庄的农民，指导学生施肥、翻整、起垄等劳动生产。

如今，每到学生农作园蔬菜成熟的时候，农学院的"种菜课"考试也开始了：菜地管理得好不好、菜种得好不好、学生们参与度高不高等都是打分的依据。

3. 与农民同吃同住同劳动

在加强学生劳动教育的探索中，浙江农林大学还连续多年组织学生参加暑期驻

村劳动项目。学校每年暑假都会选派一批学生"进驻"相关县市区的各个乡镇的村庄，开展"服务乡村振兴"等主题的大学生驻村劳动。

学生们会结合自己的专业和兴趣，帮助村民设计庭院、深入茶园调研农村集体经济经营状况、指导农户开展垃圾分类、与村干部开展五水共治、协助群众规划乡村旅游项目……通过与农民们同劳动、参与村务管理，深入调研农村情况、学习务农技术，学生们在完成劳动实践后要提交实践报告，最终可以获得两个实践学分，关键是能够深入农村、了解农村，利用科学技术服务乡村振兴。

4. 劳动构成人才培养重要部分

随着劳动教育的持续开展，在浙江农林大学的校园里，学校还拥有3000多种植物、总面积近3000亩的校园，全部"承包"给全校学生。学生们义务管护，利用课余时间参加绿地管护、给花木施肥……将珍惜劳动果实、尊重感恩自然的美德传承下来。到了秋天，学生们扛起锄头挖番薯、拿起镰刀割水稻、伸出双手拔萝卜……在劳动中享受收获的喜悦和幸福。

近年来，浙江农林大学的劳动教育领域也在不断拓展，除了参加传统体力劳动外，学生们还参加食堂卫生清洁、校园教室管护、文化氛围维护、交通秩序维护、医院就医引导等社会劳动，部分在计算机等方面有专业技能的学生，还以志愿劳动的形式，为同学们维修电脑等。学生们还可以根据参与劳动的时长，申请相应的思政类实践学分。

浙江农林大学鼓励学生们积极参加课余劳动，希望学生能将专业学习与社会实践结合起来，以增强学生的奉献意识和动手能力，让学生养成热爱劳动、珍惜粮食的良好习惯，能够在日常生活中学会感恩社会、自觉践行社会主义核心价值观，能够在毕业后更好地服务乡村振兴，成为推进中华民族伟大复兴中国梦实现的生力军。

（资料来源：作者根据相关资料整理改编而成。）

思考：
1. 为何该大学如此重视劳动教育？
2. 你认为社会主义劳动价值观应该如何践行？

《关于全面加强新时代大中小学劳动教育的意见》强调："以习近平新时代中国特色社会主义思想为指导，全面贯彻党的教育方针，落实全国教育大会精神，坚持立德树人，坚持培育和践行社会主义核心价值观，把劳动教育纳入人才培养全过程，贯通大中小学各学段，贯穿家庭、学校、社会各方面，与德育、智育、体育、美育相融合，紧密结合经济社会发展变化和学生生活实际，积极探索具有中国特色的劳动教育模式，创新体制机制，注重教育实效，实现知行合一，促进学生形成正确的世界观、人生观、价值观。"

第一节 ┃ 马克思主义劳动价值观

我们今天所提出来的"劳动"，与马克思主义劳动价值观不可分割，对劳动内涵的理解与对马克思主义劳动价值观的理解有着直接关系。因此，深刻理解马克思主义劳动价值观既是感受劳动、发现劳动的价值，也是学会劳动的关键。

一、马克思主义劳动价值观形成的时代背景

任何一种理论的形成都基于时代的土壤，马克思主义劳动价值观的形成是与马克思那个时代的生产力和生产关系相关的，分析马克思主义劳动价值观的形成就是要分析那个时代的社会生产力基础、社会基础、阶级基础。

（一）社会生产力基础：工业革命

始于18世纪的工业革命推动了整个社会生产力的提升，给世界带来了翻天覆地的变化。特别对于欧洲大陆来说，之后的一个多世纪，可以称得上是"工业革命的世纪"。工业革命发端于英国，英国工业革命首先出现于当时英国最发达的棉纺织业。随着人们对棉纺织品的需求日益增多，手工工场的生产技术已经不能满足日益扩大的市场需求。1733年，机械师约翰·凯伊发明了飞梭，大大提高了织布速度。1764年，詹姆士·哈格里夫斯发明了以女儿珍妮的名字命名的手摇纺纱机[①]。18世纪后期，詹姆斯·瓦特改良了蒸汽机，蒸汽机的发明为纺织业带来了新的生命力，原来的手动纺织机变为了自动化装备。马克思认为："瓦特的伟大天才表现在1784年4月他所取得的专利的说明书中，他没有把自己的蒸汽机说成是一种用于特殊目的的发明，而把它说成是大工业普遍应用的发动机。他在说明书中指出的用途，有一些（例如蒸汽锤）过了半个多世纪以后才被采用。但是他当时曾怀疑，蒸汽机能否应用到航海上。1851年，他的后继者，博尔顿—

---

① 金碚，2015. 世界工业革命的缘起、历程与趋势[J]. 南京政治学院学报，31（1）：41-49.

瓦特公司，在伦敦工业博览会上展出了远洋轮船用的最大的蒸汽机。"[①]

19 世纪中叶，英国完成了工业革命，19 世纪初前后，法、德、俄、美、日等国也开始了工业革命，是英国工业革命的继续、扩散、推进和发展。工业革命带动了欧洲生产力发展的飞跃，大大提高了生产效率，人的体力因机器的工业使用而延伸增强，人的劳动生产效率大大提高。从此，工业生产成为人类创造物质财富的主要方式[②]，劳动方式得到了改变，劳动技术得到了提高。马克思这样评价工业革命带来的影响："资产阶级在它的不到一百年的阶级统治中所创造的生产力，比过去一切时代创造的生产力，还要大。"[③]有学者提到了工业革命在当时带来的根本性变化："工业革命解决了纠缠于所有有机物经济中的一个紧张关系。有机物经济是这样一些经济，在这些经济中，几乎所有对人有用的物质产品都来自于动植物。"[④]工业革命的到来解决了物质原料问题，人们可以通过新的生产力创造新的物质，生产力的提高解决了人最重要的生存问题。工业革命也推动了经济学的发展，特别是劳动价值理论的发展，亚当·斯密的劳动价值理论和大卫·李嘉图的劳动价值理论、马克思的劳动价值理论都产生于这个时候，工业革命孕育了经济学革命和劳动价值理论革命，是时代发展的必然。

（二）社会基础：社会生产关系变革

工业革命带来了巨大的生产力，社会格局也随之发生改变，其中最本质的影响就是社会生产关系的变化。社会生产关系的变化促进了马克思劳动价值理论的形成。

第一，由于家庭手工业转向城市机器大工业，产业结构发生了变化，如德国当时的工商业产值占国内生产总值的占比逐年升高；而同期农业部门的产值的占比则逐年下降，大量农村人口涌入城市。工业革命发生后，新的资产阶级比起工场手工业时期由商人组成的资产阶级，有着更强的进取精神和在自由竞争中求发展的意识。19 世纪资产阶级性质的革命和改革风起云涌并席卷全球，到 19 世纪中叶已初步形成资本主义的世界体系，正是这种历史巨变的体现。资产阶级与无产阶级的矛盾进一步加深，这促使马克思发现无产阶级在劳动过程中被资本家剥夺的劳动价值，从而促成了马克思劳动剩余价值理论的形成。

第二，工业革命带来了空前的商品流动，使商品交换不仅发生在本国，而且形成了一个世界市场，而商品流动过程中的规律使马克思、恩格斯进一步思考劳动创造的价值

---

① 卡尔·马克思，弗里德里希·恩格斯，2009. 马克思恩格斯文集[M]. 中共中央马克思恩格斯列宁斯大林著作编译局，编译. 北京：人民出版社.

② 金碚，2015. 世界工业革命的缘起、历程与趋势[J]. 南京政治学院学报，31（1）：41-49.

③ 同①.

④ E.A. 里格利，俞金尧，2006. 探问工业革命[J]. 世界历史（2）：61-77.

是如何逐渐分解和被瓜分的。恩格斯写道："大工业通过它的不断更新的生产革命，使商品的生产费用越降越低，并且无情地排挤掉以往的一切生产方式。……这样，对整个交换来说，价值转化为生产价格的过程就大致完成了。"①

第三，机器大工业创造了一个世界市场，使世界的生产和消费连在一起，为马克思主义国际价值理论的形成提供了土壤。马克思和恩格斯在《共产党宣言》中写道："大工业建立了由美洲的发现所准备好的世界市场。世界市场使商业、航海业和陆路交通得到了巨大的发展。"②世界市场的形成给民族资产阶级带来了沉重的打击，古老的民族工业经历严重的挑战，新的工业的建立已经成为一切文明民族的生命攸关的问题，这些工业所加工的已经不是本地的原料，而是来自极其遥远的地区的原料，它们的产品不仅供本国消费，也供世界各地消费。过去那种地方的和民族的自给自足和闭关自守的状态，被各民族各方面的互相往来和各方面的互相依赖所代替。无论是经济上还是文化上的，都使民族资产阶级遭受重创。在这样的国际环境下，马克思、恩格斯不断思考劳动价值理论并进而创造了马克思主义国际价值理论。

（三）阶级基础：资本与劳动的阶级矛盾

生产方式发生改变必然会带来社会生产关系的变化，同大工业相联系的两大基本社会阶级——资产阶级和无产阶级形成。正是在这样的背景下，资产阶级和无产阶级之间的相互对立和斗争构成的近代社会生活成为马克思、恩格斯创造科学共产主义理论的重要来源，阐明了无产阶级的历史使命。马克思主义政治经济学的诞生，为无产阶级提供了锐利的思想武器。马克思主义劳动价值观同庸俗经济理论进行了长期的、反复的斗争和较量。马克思指出："政治经济学作为一门独立的学科，是在工场手工业时期才产生的，它只是从工场手工业分工的观点把社会分工一般看成是用同量劳动生产更多商品，从而使商品便宜和加速资本积累的手段。……他们全没有想到交换价值，想到使商品便宜的问题。这种关于使用价值的观点在柏拉图那里，也在色诺芬那里占统治地位。"③

二、马克思主义经典作家劳动价值观的内容

劳动价值观是马克思的基本观点。马克思认为：劳动不仅是谋生的手段，更是通向

---

① 卡尔·马克思，弗里德里希·恩格斯，2009. 马克思恩格斯文集[M]. 中共中央马克思恩格斯列宁斯大林著作编译局，编译. 北京：人民出版社.

② 同①.

③ 同①.

客观世界与主观世界的媒介，也是实现人性至美至善、彻底自由的必由之路。"劳动价值观是反映作为客体的劳动（包括作为全称概念的劳动与作为特称概念的劳动）对作为主体的人（包括个人、组织、国家、人类等存在样式）的需要（包括生存、发展和享受等需要）的满足的属性及其程度的概念。"①可见，劳动价值观可视作以客体、主体、需要三者为变量的函数，它是客观与主观的统一、质和量的统一。

（一）劳动的实然价值和应然价值

劳动的实然价值是指在现实社会中，劳动已然满足人们的需要且已成为人们公认的价值状态。马克思、恩格斯指出，劳动的实然价值主要包括两个方面：一方面，劳动具有无可辩驳的"维生价值"。从价值的客观性上，劳动对维系人类社会的存续具有绝对的正价值，这是任何人都不能否认的客观事实。因为人类正是在劳动中创造了自己，自然界不能天然地满足人的各种生存资料的需要，人必须通过劳动改造自然界来满足自身的生存需要。正由于劳动是人类发展的基础，马克思指出："任何一个民族，如果停止劳动，不用说一年，就是几个星期，也要灭亡，这是每一个小孩子都知道的。"②另一方面，劳动具有"区别价值"。"动物仅仅利用外部自然界，简单地通过自身的存在在自然界中引起变化；而人则通过他所作出的改变来使自然界为自己服务，来支配自然界。这便是人同其他动物的最终的本质的差别，而造成这一差别的又是劳动。"③动物的生存完全是依靠本能来实现，而人是靠劳动来表现自己和实现自己的，本能只是人自然性的一面，人的其余全部存在都要靠劳动来形成、体现和展示，这就是人的社会性并通过劳动来体现。无论是劳动的"维生价值"还是"区别价值"，都属于劳动的实然价值。

除了实然价值，劳动还具有应然价值。劳动的应然价值是指劳动应该能满足的人们的需要状态。应然价值是一种理想性价值，是我们对劳动实现的一种期待。我们期待劳动能满足人的全方位、多层次需要。恩格斯把人的需要分为生存、享受和发展的需要。无论是生存、享受的需要还是发展的需要都离不开人的劳动，劳动为人创造了无限可能。也就是说，劳动蕴含着无限的应然价值的可能性，但这些应然价值的体现和实现要建立于实然价值的实现之上。

劳动的实然价值是应然价值的基础。"当人们还不能使自己的吃喝住穿在质和量方

---

① 郭海龙，2018. 研究生劳动价值观教育研究[M]. 成都：西南交通大学出版社.
② 卡尔·马克思，弗里德里希·恩格斯，2009. 马克思恩格斯文集[M]. 中共中央马克思恩格斯列宁斯大林著作编译局，编译. 北京：人民出版社.
③ 同②.

面得到充分保证的时候，人们就根本不能获得解放。'解放'是一种历史活动，不是思想活动，'解放'是由历史的关系，是由工业状况、商业状况、农业状况、交往状况促成的。"①因此，实然价值需要靠实践来实现。

（二）劳动价值的选择性彰显

劳动价值的选择性彰显是指人为地使劳动的实然价值与应然价值之间存在鸿沟。劳动价值既具有客观性的一面，也具有社会建构性的一面。劳动的实然价值与应然价值之间存在鸿沟的最根本原因在于社会制度。劳动有无价值，有多大价值，往往是由社会建构的。因此，劳动价值既有客观性，又有主观性。在不同的社会制度下，劳动对人的价值不完全相同。马克思、恩格斯重点分析了劳动在资本主义社会与未来共产主义社会的价值状况。

马克思、恩格斯辩证看待劳动在资本主义社会的价值状况。一方面，他们认为，资本主义代替封建主义，崇尚科学，发扬民主，解放和发展了劳动者的生产力，创造出了比以往任何时代都要多的劳动产品。另一方面，他们认为，在资本主义社会，雇佣劳动折射的是一种偏狭的劳动价值状况。劳动者只获得劳动的谋生价值，而丧失了劳动的享受价值和发展价值。由于劳动者只是资本逐利工具，劳动被贬为谋生手段，结果导致"物的世界的增值同人的世界的贬值成正比"。②马克思提出异化劳动的概念就是批判资本主义条件下的劳动状态，原本可使劳动的价值更加人文化，结果却适得其反。正是从此意义上讲，资本主义社会孕育着自我否定的必然性。资本主义必然灭亡，根源在于资本主义不能将劳动的应然价值淋漓尽致地体现出来。这也意味着劳动的应然价值必然在未来理想社会得以全面体现和实现。

马克思主义经典作家对未来社会劳动的应然价值状态的展望主要涉及对劳动的超越性的探讨，即认为劳动将超越功利性和谋生性的局限而具有全面的人生意义。马克思指出，在未来社会，劳动已经不仅仅是谋生的手段，而且本身成了生活的第一需要。③劳动是人的本质力量的对象化，是人自由自觉的活动，劳动的目的是塑造自由全面发展的人。恩格斯在《反杜林论》中也指出："在共产主义社会，一切人都要劳动，劳动为人创造全面发展和自我实现的机会。这样，生产劳动就不再是奴役人的手段，而成了解放

---

① 卡尔·马克思，弗里德里希·恩格斯，1995. 马克思恩格斯选集[M]. 中共中央马克思恩格斯列宁斯大林著作编译局，编译. 北京：人民出版社.

② 卡尔·马克思，弗里德里希·恩格斯，2009. 马克思恩格斯文集[M]. 中共中央马克思恩格斯列宁斯大林著作编译局，编译. 北京：人民出版社.

③ 同②

人的手段，因此，生产劳动就从一种负担变成一种快乐。"①

三、马克思主义劳动价值观的特征

（一）实践性

亚里士多德认为，实践表达着理性，表达着人作为一个整体的品质。他将人的活动分为三类：一是生产物质产品的活动，是按照自然法则而不是以人自身为目的的活动；二是道德和政治活动，是以人自身的幸福、善恶为目的的活动；三是思辨的活动，是以普遍性的知识和真理本身为目的的活动。②亚里士多德否认生产生活必需品的活动是实践活动，而只将后两种活动视为实践活动。康德对西方哲学的这种实践观传统做了修改，认为思辨活动并不是实践活动。康德认为，实践就应该是道德实践，因为以自身为目的的道德活动不包括任何经验条件，而是以绝对命令的道德律令为其基础的一种理性活动。在客观唯心主义者看来，实践是一种独立于人脑之外的客观的精神实体活动。简而言之，前马克思时期的实践观主要是伦理道德实践，生产活动在其中毫无地位。因为受到康德的影响，马克思认为实践活动是一种改变世界的生产活动。马克思在他的著作中提到，第一个历史活动就是生产满足这些需要的资料，即生产物质生活本身。马克思主义实践观，完成了从伦理道德实践观到生产实践观的转变。生产实践由此第一次被赋予实践的崇高含义，从而颠覆了亚里士多德和康德的传统实践观③。马克思主义劳动价值观继承和发展了马克思主义实践观，并随着社会主义实践的发展而发展。

（二）阶级性

马克思主义劳动价值观的阶级性就是服务劳动人民，追求劳动者的自由与解放。它体现在以下几方面。①对劳动在人类社会生存与发展中的地位和作用及劳动者在社会各阶级中的地位和作用给予充分肯定，并进行学理论证、传播教育。使劳动和劳动者占据道义制高点，使劳动人民由精神被动走向精神主动。②全心全意为劳动人民服务，致力于更好地维护劳动者的利益和发展。人民主体思想是实现马克思主义劳动价值观的一以贯之之道。满足劳动人民对美好生活的向往，致力于增强劳动人民的获得感和幸福感就是马克思主义指导下的政党的奋斗目标。③对剥削劳动者的制度进行批判和变革。马克

---

① 卡尔·马克思，弗里德里希·恩格斯，1995. 马克思恩格斯选集[M]. 中共中央马克思恩格斯列宁斯大林著作编译局，编译. 北京：人民出版社.
② 亚里士多德，2017. 尼各马可伦理学[M]. 廖申白，译注. 北京：商务印书馆.
③ 王桂芝，2017. 实践的历史性与马克思主义哲学的实践性[J]. 人民论坛（11）：118-119.

思批判道："资本由于无限度地盲目追逐剩余劳动，像狼般地贪求剩余劳动，不仅突破了工作日的道德极限，而且突破了工作日的纯粹身体的极限。"[①]马克思主义劳动价值观具有维护无产阶级利益的特征。

（三）科学性

有学者指出：在马克思历史唯物主义的思想体系中，人类社会历史发展的实然规律与指导人生的价值观念通过劳动统一起来。[②]马克思主义劳动价值观符合唯物史观，很好地体现了个人与社会互动规律。一方面，社会制约个人劳动。个人想从事什么样的劳动，不是主观随意的，而是深受社会制约的。另一方面，只有改变不良的社会制约机制，才能释放个人劳动的活力。因此，我们需要坚决破除制约广大劳动人民就业创业的体制机制。

第二节 ┃ 中国特色社会主义劳动价值观

一、马克思主义劳动价值观在中国的继承与发展

1921 年，中国共产党成立，把马克思主义列为党的指导思想。年轻的中国共产党人不仅认真汲取马克思主义的思想精髓，而且热情地翻译和传播马克思主义的经典著作。最重要的是，中国共产党把马克思主义的基本原理同中国革命的具体实践相结合，探索出了一条马克思主义中国化的道路。从此，中国的命运开始改变。

（一）教育要与生产劳动相结合

新中国成立后，在马克思主义劳动价值观的指导下，深入探讨和分析了中国的劳动特点与本质，强调教育必须与生产劳动相结合，反映了中国革命和建设的具体要求，对中国特色社会主义事业的开创和建设起到了促进和推动作用。毛泽东对中国几千年来教育脱离劳动的实际进行了批判。在他看来，教育应当以社会的发展、人类的需求为服务

---

① 卡尔·马克思，弗里德里希·恩格斯，2009. 马克思恩格斯文集[M]. 中共中央马克思恩格斯列宁斯大林著作编译局，编译. 北京：人民出版社.

② 张庆熊，2015. "劳动光荣"：以马克思劳动价值理论建构社会主义核心价值观[J]. 毛泽东邓小平理论研究（1）：62-68，92.

导向，学生仅学习书本上的知识是有很大片面性的，教育作用的发挥关键还是要督导学生善于将书本上的知识应用到生活的实际当中。因此，要引导广大青年进行劳动锻炼，教育与劳动相结合最理想的状态是达到"知识分子劳动化，劳动人民知识化"，即脑力劳动与体力劳动相结合。1957 年 2 月，毛泽东在《关于正确处理人民内部矛盾的问题》中明确提出："我们的教育方针，应该使受教育者在德育、智育、体育全方面都得到发展，成为有社会主义觉悟的有文化的劳动者。"这一教育方针确立了培养劳动者的教育目标，这是符合当时中国发展需要的。为贯彻这一方针，消除旧学校严重脱离生产劳动的问题，当时大力推动勤工俭学、开展半工半读，促使教育与生产劳动相结合，理论与实践相结合。

（二）追求劳动者的自由与解放、尊重劳动者的差异

20 世纪 80 年代，马克思、恩格斯的劳动价值观再次在中国得到发展，这个时期强调以劳动者为本的劳动价值观，追求劳动者的自由与解放、实现劳动促进人的发展是社会主义的本质。囿于制度缺陷，劳动者在资本主义制度下不可能真正获得解放，这是马克思主义的基本判断。社会主义的本质是解放生产力，发展生产力，消灭剥削，消除两极分化，最终达到共同富裕。只有社会主义社会才能最终实现劳动者的自由与解放。追求劳动者的自由与解放就意味着通过调动劳动者的生产积极性，提高劳动效率，消灭不劳而获现象和因劳者不获、获者不劳而导致的收入分配两极分化现象，最终达到劳动者共享劳动成果的状态，从而实现劳动者的解放和自由。追求劳动者解放就是要做到以下几点。①要把发展生产力作为国策，通过政策来保障劳动的维生价值是实现劳动的人文价值、发展价值的基础。劳动是人类社会存在和发展的基础，生活在社会中的每个人的生存和发展都直接或间接地依赖劳动，正是基于对这一马克思主义劳动价值观的继承和发展，该时期"以经济建设为中心"，并将其纳入社会主义初级阶段的基本路线。马克思主义的基本原则就是要发展生产力，社会主义的首要任务是发展生产力，逐步提高人民的物质和文化生活水平。②要尊重劳动者的个体差异，必须允许一部分人通过辛勤劳动、诚实经营先富起来。尊重差异实质是通过竞争机制（市场机制）和激励机制来解放劳动者，社会主义以公有制为主体，多种所有制经济共同发展，实质上就是引入竞争优势，尊重劳动人民的个体差异。尊重劳动者差异和肯定劳动致富的必然逻辑结论就是允许先富。"吃大锅饭"并不能使人民实现共同富裕。马克思主义劳动价值观与中国的具体实际相结合，劳动人民的自由在这一时期获得了较大发展。

（三）尊重劳动、尊重知识、尊重人才、尊重创造

进入 20 世纪 90 年代，尊重劳动、尊重知识、尊重人才、尊重创造，既是该时期的主题，也是该时期的重要方针，还是马克思主义劳动价值观在中国的进一步诠释。"四个尊重"方针具有明确的先导性。知识分子是工人阶级中掌握科学文化知识较多的一部分，是先进生产力的开拓者，在改革开放和现代化建设中有着特殊重要的作用。在"四个尊重"中，尊重知识、尊重人才集中表达了最广泛最充分地调动广大知识分子积极性的突出要求。基于此，马克思主义劳动价值观又一次与教育相结合，坚持教育与社会实践相结合。如今，中国与世界的联系更加紧密，"象牙塔"式的教育已不能适应时代发展的需要，教育同经济、科技、社会实践越来越紧密地结合，正在成为推动科技进步和经济社会发展的重要力量。为落实教育与生产实践相结合的原则，学校结合自己的实际情况把生产实践列入教学计划，统一安排，学生必须参加生产劳动，通过教育与社会实践相结合，使学生树立正确的劳动观念，养成良好的劳动习惯，成为德智体美劳全面发展的社会主义建设者和接班人。

（四）劳动最光荣

进入 21 世纪，社会主义新时期出现了各种新情况和新任务，随着我国改革开放的深入、经济的迅速发展及利益格局的深刻调整，社会上的不和谐因素日益突出，特别是劳动光荣的观念在社会中不断被削弱，认为从事体力劳动的人地位低下、幻想着不劳而获的观念在社会上滋生、蔓延，这些现象对大学生也产生了不良影响。全社会大力培育和弘扬劳动光荣、知识崇高、人才宝贵、创造伟大的时代新风，要求全体人民特别是广大青少年都要懂得并践行劳动最光荣、劳动者最伟大的真理。

二、新时代中国特色社会主义劳动价值观

（一）人民创造历史，劳动开创未来

劳动是推动人类社会进步的根本力量。幸福不会从天而降，梦想不会自动成真。为了实现我们的奋斗目标，开创我们的美好未来，必须紧紧依靠人民、始终为了人民，必须依靠辛勤劳动、诚实劳动、创造性劳动。

社会的发展离不开每一位劳动者的创造，无论工人、农民或领导干部，他们都在自己平凡的岗位上从事着不同的劳动，为社会的发展添砖加瓦，他们勤劳朴实、自强不息、

爱岗敬业、吃苦耐劳，体现了中华民族的传统美德。在新时代背景下，我们要肯定每一位劳动者的劳动付出，将每一位劳动者置于平等的地位。无论时代条件如何变化，我们始终都要崇尚劳动、尊重劳动，始终重视发挥工人阶级和广大劳动群众的主力军作用。全社会要大力弘扬劳动精神，提倡敬爱劳动，投身劳动，爱岗敬业，为改革开放和社会主义现代化建设贡献智慧和力量。

（二）劳动创造民族精神

劳动的民族价值说，即劳动创造民族存在、民族历史、民族未来。劳动不仅有个体价值，也有民族价值。劳动对民族生成（民族文化、民族认同）、民族发展都有重要价值。劳动创造了中华民族，造就了中华民族的辉煌历史，也必将创造出中华民族的光明未来。在长期实践中，经过几代人的接续努力，我们培育形成了爱岗敬业、争创一流、艰苦奋斗、勇于创新、淡泊名利、甘于奉献的劳模精神，崇尚劳动、热爱劳动、辛勤劳动、诚实劳动的劳动精神，执着专注、精益求精、一丝不苟、追求卓越的工匠精神，劳动创造了中华民族的民族精神。

（三）弘扬劳模精神

"弘扬劳模精神、发挥劳模作用"是这一时期劳动价值观的又一体现。榜样的力量是无穷的，劳动模范是民族的精英、人民的楷模。长期以来，广大劳模以平凡的劳动创造了不平凡的业绩，铸就了"爱岗敬业、争创一流，艰苦奋斗、勇于创新，淡泊名利、甘于奉献"的劳模精神，丰富了民族精神和时代精神的内涵，是我们极为宝贵的精神财富。不论时代怎样变迁，不论社会怎样变化，我们党全心全意依靠工人阶级的根本方针都不能忘记、不能淡化，我国工人阶级的地位和作用都不容动摇、不容忽视。因此，为了更好地发挥劳动模范和工人阶级的作用，广大劳动模范和先进人物要做坚定理想信念的模范、勤奋劳动的模范、增进团结的模范。当代工人不仅要有力量，还要有智慧、有技术，能发明、会创新，以实际行动奏响时代主旋律。长期以来，广大劳模以高度的主人翁责任感、卓越的劳动创造、忘我的拼搏奉献，谱写出了一曲曲可歌可泣的动人赞歌，为全国各族人民树立了光辉的学习榜样。劳模精神生动诠释了社会主义核心价值观，是具有示范性的劳动价值观。劳动模范和先进工作者是坚持中国道路、弘扬中国精神、凝聚中国力量的楷模，他们以高度的主人翁责任感、卓越的劳动创造、忘我的拼搏奉献，为全国各族人民树立了学习的榜样。劳模精神是我们的宝贵精神财富和强大精神力量，是马克思主义劳动价值观在当代中国的生动体现。

（四）美好生活靠劳动创造

幸福不会从天而降，美好生活靠劳动创造。全面建设社会主义现代化国家是新时期的奋斗目标，这为广大劳动群众指明了光明的未来、赋予了光荣的使命、提供了宝贵的机遇。在全面建设社会主义现代化国家的征程中，面对这样一个千帆竞发、百舸争流、有机会干事业、能干成事业的时代，广大劳动群众不断塑造自身开展创造性的劳动，劳动创造了巨大价值并赋予了人民光荣使命。任何一名劳动者，要想在百舸争流、千帆竞发的洪流中勇立潮头，在不进则退、不强则弱的竞争中赢得优势，在报效祖国、服务人民的人生中有所作为，就要孜孜不倦地学习，勤勉奋发干事。一切劳动者，只要肯学肯干肯钻研，练就一身真本领，掌握一手好技术，就能立足岗位成长成才，就能在劳动中发现广阔的天地，在劳动中体现价值、展现风采、感受快乐。特别是知识分子，对社会了解比较深，对于促进社会进步能发挥重要的作用。知识分子还要发挥创新能力和创新精神，让劳动创新成果造福社会和人民。

第三节 ┃ 当代大学生正确的劳动价值观

党的十九大报告中提出"培养担当民族复兴大任的时代新人"的教育任务，在全国教育大会上提出"构建德智体美劳全面培养的教育体系"的工作要求。2020 年 3 月，中共中央、国务院印发《关于全面加强新时代大中小学劳动教育的意见》，对构建德智体美劳全面培养的教育体系进行系统设计和全面部署。在新时代背景下，深刻理解和把握劳动教育的理论逻辑、历史逻辑和实践逻辑，对全面落实立德树人根本任务，全面加强大学生劳动教育，培养担当民族复兴大任的时代新人，具有重大理论意义和实践价值。

一、劳动价值观的情感认同与行动表达

当代大学生的劳动价值观应以马克思主义劳动价值观及中国特色社会主义劳动价值观为指导。具体表现在情感认同和行动表达上，正所谓中国传统哲学中的"知行合一"。

（一）情感认同：工人阶级的一分子

情感认同是人对自己身份在思想和情感上的认可。具体来说，大学生在劳动价值观

上的认同就是将自身定位于工人阶级，并引以为荣，高度认同"知识分子是工人阶级的一部分"的观点。在社会主义社会，工人阶级自己培养的脑力劳动者与历史上的剥削社会中的知识分子不同。在社会主义历史时期中，只要还存在着阶级矛盾和阶级斗争，知识分子就需要注意是否坚持工人阶级立场的问题。但总的说来，他们的绝大多数已经是工人阶级和劳动人民自己的知识分子，因此也可以说，已经是工人阶级自己的一部分。他们与体力劳动者的区别，只是社会分工的不同。从事体力劳动和从事脑力劳动的劳动者，都是社会主义社会的劳动者。随着现代科学技术的发展，随着四个现代化的进展，大量繁重的体力劳动将逐步被机器所代替，直接从事生产的劳动者，体力劳动会不断减少，脑力劳动会不断增加，并且要求有越来越多的人从事科学研究工作，造就更宏大的科学技术队伍。[①]大学生作为知识分子需要始终坚持自身作为工人阶级的一分子，代表着工人阶级的利益。

（二）行动表达：创造性地劳动

行动表达是将情感认同通过实际行动诠释出来，马克思指出，生产劳动同智育和体育相结合，它不仅是提高社会生产的一种方法，而且是造就全面发展的人的唯一方法。[②]大学生不仅要学习科学文化知识，而且要将理论与实践相结合，创造性地开展劳动，这是促进人的全面发展的唯一方式。国家和民族的未来有赖于大学生开展创造性的劳动，大学是通往未来的关键性阶段，大学阶段接受的是高等教育，属于专业人才，大学生参与劳动的方式不是普通劳动，是具有专业实践的劳动，是创造性的劳动。陶行知先生曾指出：劳动教育的目的，在谋手脑相长，以增进自立之能力，获得事物之真知及了解劳动者之甘苦。[③]大学生创造性的劳动就是要在思想上和行动上培养和塑造当代大学生正确的劳动价值观。通过创造性劳动来为自己和他人创造美好生活，开创美好未来。

二、正确劳动价值观的目标导向

马克思主义认为，立场决定观点的正确、全面和科学。人民立场是马克思主义的基本立场。只有站在广大劳动人民的立场上进行科学研究，才能正确认识人类社会的发展规律、科学揭示无产阶级的历史地位。

---

① 邓小平，1994. 邓小平文选[M]. 北京：人民出版社.

② 卡尔·马克思，弗里德里希·恩格斯，2009. 马克思恩格斯文集[M]. 中共中央马克思恩格斯列宁斯大林著作编译局，编译. 北京：人民出版社.

③ 陶行知，等，1988. 生活教育文选[M]. 成都：四川教育出版社.

（一）做社会主义的建设者和接班人

今天的中国正处于由大向强发展的关键阶段。我们已经走过"雄关漫道真如铁"的昨天，跨越"人间正道是沧桑"的今天，迈向"长风破浪会有时"的明天，正是一代又一代的建设者和接班人造就了今天的强大。大学生应坚定树立成为社会主义建设者和接班人的意识，而不是旁观者。这就要求大学生要牢固树立"四个意识"，坚定"四个自信"，真正参与到"两个一百年"奋斗目标的历史进程，成为实现中华民族伟大复兴中国梦的重要生力军和中坚力量。要把个人理想和国家民族的前途命运紧密联系在一起，坚定信念、增长才干，肩负起民族复兴的时代重任。

（二）促进自身全面发展

全面发展的人不仅包括身体的发展，也包括心灵的发展，即德智体美劳的全面发展。劳动是人类社会生存和发展的基础，是人类运动的一种特殊形式。苏霍姆林斯基认为，学生只有通过亲身劳动，才能养成热爱劳动和尊重劳动人民的品质。如果大学生不能亲身体会依靠自己双手劳动创造生活的喜悦，就不可能真正培养出热爱劳动的品质，也不可能真正培养出尊重劳动人民的思想感情。同样，通过劳动也能进一步启迪人的智慧，在专业理论学习中通过动手实践，从而增强自己的专业能力。

（三）实现美丽青春梦想

劳动是推动人类社会进步的根本力量。幸福不会从天而降，梦想不会自动成真。大学生要有海绵吸水般的学习精神，向书本学习、向历史学习，更要向实践学习。与此同时，奋斗也是充满艰辛的，青年人要学会正确对待一时的得失成败，处优而不养尊，受挫而不短志。例如，"最美奋斗者"黄文秀硕士研究生毕业后，申请到百色革命老区工作，主动请缨到贫困村担任驻村第一书记。她直接住到村里，翻山越岭、进村入户访贫问苦，帮助村民学习养蜂技术，通过技术致富。不到一年时间，村集体经济项目收入翻倍。她的美丽青春梦想与人民紧密相连，通过自己的行动和创造性的劳动帮助山村致富。大学生是民族和人民未来的希望，是国家和民族精神的开创者，大学生通过开展创造性的劳动实现自己美丽青春的梦想。

（四）形成积极向上的就业创业观

大学生要崇尚劳动、尊重劳动，懂得劳动最光荣、劳动最崇高、劳动最伟大、劳动最美丽的道理，能够做到在自己的专业领域辛勤劳动、诚实劳动、创造性劳动。在社会主义市场经济条件下，劳动力资源的配置主要通过市场进行，需要人们自主择业、自谋职业、自我创业。市场经济的巨大商机和社会需求的多层次和多样性，开拓了广阔的劳动就业空间，为劳动者提供了众多劳动机会和劳动岗位。大学生要创造性地开展劳动，形成积极向上的就业创业观。大学生创业就是要培养大学生的创新意识与创业精神，一批具有时代气息的创业项目应运而生并发展为市场项目运营。

拓展阅读 5-1

大学生创业冠军七年长成"小巨人"

2015 年，张良禄的"肠癌复查"项目在"创业湖北"大学生创业大赛总决赛的擂台上成为冠军。当时的张良禄还是湖北一所高校的研究生，张良禄感叹，通过大学生创业大赛的舞台，他们成功地对接了多家投资方，为项目融资打开了局面。张良禄开创这个项目时，生物医药还是个新领域，张良禄的"肠癌筛查"项目刚起步，还有一些技术需要攻关，如何转化及应用也没有先例可循。但大赛还是把冠军颁给了他，让他备受鼓舞。不仅如此，省人社部门还送来 20 万元的奖励扶持资金，这对于处在初创期的公司来说，可谓雪中送炭，支撑了张良禄公司此后一年半的科研开支。如今，张良禄的公司已有 100 多名员工，开创构建了新一代肿瘤早筛早诊检测技术平台和产品体系，领先推出了涵盖消化系统肿瘤、妇科肿瘤、泌尿系统肿瘤与泛癌种等一系列高发肿瘤的早期检测产品。在公司的荣誉墙上，"创业湖北"大学生创业大赛冠军奖杯对张良禄来说是最重要的荣誉，被摆在首位，因为这对张良禄来说是他事业的开端，正是这个良好开端使他的梦想得以实现，使得关注癌症早期筛查的技术平台和产品体系得以与有需要的人见面，而这主要源于他学生时代积极向上的创业观。

（资料来源：作者根据相关资料整理改编而成。）

三、劳动实践的思想方法指导

劳动的重要意义就在于实践，如果劳动价值观不能很好地指导实践，那么就成了纸上谈兵。因此，大学生要用劳动价值观来指导自己的劳动实践。具体来说，大学生的劳动实践可以遵循以下思想方法指导。

（一）知行合一

中国传统哲学提倡"知行合一"，这与马克思主义劳动价值观的主张不谋而合。劳动价值观的意义在于对劳动实践的指导，马克思主义劳动价值观的生命力在于它对人的实践的指导意义。空谈误国，实干兴邦。马克思指出："少发些不着边际的空论，少唱些高调，少来些自我欣赏，多说些明确的意见，多注意一些具体的事实，多提供一些实际的知识。"[①]大学生在学校学习专业理论知识的同时，也要重视实践。学习马克思主义劳动价值观有利于培养大学生的创造性思维和系统思维。大学生通过学习专业知识了解自己的专业领域，通过专业实践、毕业实习、志愿者服务、校内外勤工助学、"三下乡"、支教等途径感受劳动所带来的收获和乐趣，以及劳动为自己和他人创造的价值，在"知"与"行"中形成尊重劳动、热爱劳动的真挚情感。

（二）重视应用

大学生通常具备较高的科学文化素养，大学阶段是为进入劳动力市场做准备的最佳时机。大学生通过劳动实践活动建构知识、发展身心，完成大学知识的储备与劳动技能的提升，从而形成正确的世界观、人生观、价值观，养成高尚的品德和完善的人格，真正成为德智体美劳全面发展的社会主义建设者和接班人。

在大学阶段，将专业知识教育与劳动教育相结合，有助于在特定专业学习过程中，根据专业特点和个体差异，更好地理解劳动的本质，吸收对自己成长有益的劳动知识，并自觉地将其应用于专业实践活动。但专业教育的劳动价值并不是自然显现出来的，如果不能有意识地在专业教育中养成劳动实践的习惯与精神，那么可能成为精致的利己主义者、眼高手低的空谈家，而不是社会主义现代化建设所需要的具有社会责任感、创新精神和实践能力的高级专门人才。

（三）合理价值取舍

对于大学生来说，劳动中的团队协作精神至关重要。在社会主义条件下，许多劳动成果必须通过集体才能获得，必须通过集体才能实现个人的价值。因此，我们所获得的成绩绝不能看作是一个人的，而是多数人共同努力的结果。一个人的劳动果实一定离不开团队领导人的正确领导，以及群体的协助和配合。例如，在大学生国创项目、"互联网+"项目、"创青春"项目中，往往都是通过教师的正确指导、同学之间的团队合作，以及吸收他人的劳动成果来进行创新，绝不是一个人努力的结果。另外，大学生的价值观还未完全形成，现实世界中的享乐主义、拜金主义、投机主义等不良思想也会侵入学生群体，一部分学生不再愿意参加艰苦的体力劳动，弱化了对劳动的情感。大学生要提

---

① 卡尔·马克思，弗里德里希·恩格斯，2012. 马克思恩格斯选集[M]. 中共中央马克思恩格斯列宁斯大林著作编译局，编译. 北京：人民出版社.

高对不良劳动价值观的辨别能力，要脚踏实地、艰苦奋斗、团结互助地开展劳动，并用正确的劳动价值观来指导自己的劳动实践。

拓展阅读 5-2

"五育"并举让"象牙塔"多姿多彩——某大学开展"劳动教育周"侧记

2022 年 5 月，某大学开展了"劳动教育周"活动。有创意的是，每个学院都展现了自己独特的劳动风采。

新闻传播学院精心准备了拍摄图片所需的场地及灯光设施，义务为广大师生拍摄最美证件照。"劳动教育周让我找到了用武之地。"新闻传播学院 2020 级网络与新媒体专业的一位同学挎着相机高兴地说。

在图书馆门前广场，药学院师生开展的"我为师生做香囊"专业劳动实践活动如火如荼地进行。小小香囊，气味芳香，还能防病保健，顿时引来了大量师生围观询问。

除此之外，计算机与信息工程学院提供了一系列的商务网站设计、软件系统开发等，将设计与产业相结合；护理学院宣讲心肺复苏、海姆立克急救法等一些急救知识；人文学院在师生中推广普通话，让同学们感悟到中华文化的博大精深。还有很多学院在这次"劳动教育周"中发挥了自己的专业作用。

劳动教育能够引导大学生学会劳动、乐于劳动、善于劳动，在学习工作中崇尚劳模精神、在劳动实践中弘扬劳动精神、在技能训练中锻造工匠精神，体验和感受劳动带来的收获和乐趣，体现自身的精神追求和人生价值，激发永远奋斗的精神，争做向上向善的时代新青年。

（资料来源：作者根据相关资料整理改编而成.）

深入思考

1. "劳动最光荣"的时代价值是什么？

2. 当代大学生开展劳动教育的价值是什么？

推荐阅读

1. 习近平, 2019. 习近平谈劳动：最光荣、最崇高、最伟大、最美丽[EB/OL].（2019-05-01）[2023-09-20]. http://cpc.people.com.cn/n1/2019/0501/c164113-31060895.html.

2. 卡尔·马克思，弗里德里希·恩格斯, 2009. 马克思恩格斯文集[M]. 中共中央马克思恩格斯列宁斯大林著作编译局，编译. 北京：人民出版社.

3. 张庆熊，2015."劳动光荣"：以马克思劳动价值理论建构社会主义核心价值观[J]. 毛泽东邓小平理论研究（1）：62-68，92.

4. 金碚，2015. 世界工业革命的缘起、历程与趋势[J]. 南京政治学院学报，31（1）：41-49.

5. 胡君进，檀传宝，2018. 马克思主义的劳动价值观与劳动教育观：经典文献的研析[J]. 教育研究（5）：9-15，26.

第六章
新时代坐标中的劳动精神

⚙ **学习目标**

1. 了解新时代劳动精神的内涵，掌握弘扬和践行劳动精神的途径。

2. 体悟幸福人生需要奋斗的道理，体认劳动不分贵贱，热爱劳动，尊重普通劳动者。

3. 积极参与劳动实践，感悟劳动精神，在生活中体会劳动创造美好，培养自己的实干精神。

本章导读

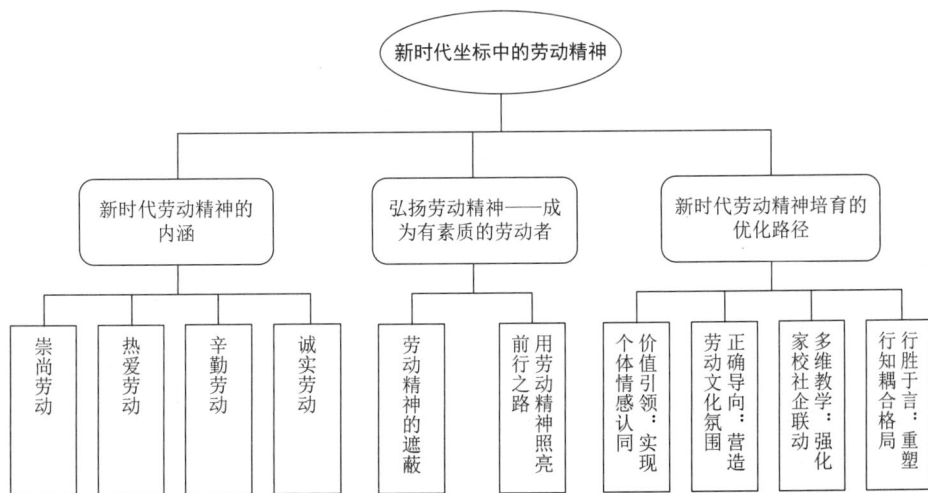

⊙问题导入⊙

劳动与生活，他们都有尊严

"世界上最光荣的事是劳动，世界上最体面的人是劳动者。"劳动为我们换取人格尊严及体面生活，我们之所以坦然而快乐地生活，是因为我们体面劳动。

福州的一个老旧小区的杂物间，是一位老人的"办公场所"，他长年在那里劳作，据小区居民介绍，老人是一位残疾人，只有一只手臂。老人称废品时，用牙齿代替失去的那只手臂，咬起提纽便咬起了废品全部的重量，用仅有的一只手拨动秤锤以平衡秤杆。但是老人很坚强，称废品、装废品、搬废品时从来不找人帮忙，居民们提起他时无不称赞。

职业使命鞭策劳动者迎难而上，劳动与生活的尊严更是至高无上。从我们的身边到我们看不见的远方，多少人的工作承载了我们担不起的重量，无论在高空还是在地面、站着还是蹲着、行走还是静止、挥泪还是微笑，每份职业的尊严都屹立在那里，劳动者的尊严永远不会倒。

（资料来源：作者根据相关资料整理改编而成。）

思考：

1. 为什么说劳动创造美好生活？
2. 结合你的见闻谈谈"劳动如何创造美好生活"。

伟大的时代需要伟大的精神，伟大的精神来自伟大的人民，劳动精神是关于劳动的理念认知和行为实践的集中体现。劳动是推动人类社会进步的根本力量，中华民族历来就有勤劳勇敢、自强不息的优良传统，在悠久的文明中孕育出辛勤劳动、诚实劳动、创造性劳动的劳动精神和劳动最光荣、劳动最崇高、劳动最伟大、劳动最美丽的价值观念。

无论是科技革命的巨变，还是智能化时代的到来，我们都要重视劳动精神的培育与养成。从农耕社会"耕读传家久"的传统，到现代社会"劳动创造幸福"的箴言，劳动的形式在改变，但劳动精神的内核始终未变。只有了解劳动精神的历史底蕴，广大青年才能在动手实践中播撒崇尚劳动的种子，在接受锻炼、磨炼意志中涵养艰苦奋斗的劳动精神。只要有梦想、有奋斗，每个人都有机会在实现中华民族伟大复兴的中国梦的实践中，通过自己的辛勤劳动，创造精彩人生。

第一节 | 新时代劳动精神的内涵

劳动精神是劳动者在劳动中展现的精神状态、精神面貌和精神品质。热爱劳动、尊重劳动是劳动精神的基石，爱岗敬业、争创一流是劳动精神的灵魂，艰苦奋斗、勇于创新是劳动精神的核心，淡泊名利、甘于奉献是劳动精神的本质。[①]

劳动精神是人们在劳动过程中所表现出来的一种积极状态。对人们在劳动过程中所表现出来的这种积极状态按照时代的要求加以科学总结、高度凝练和理论提升，就成为这个时代的劳动精神。新时代劳动精神是社会主义核心价值观在劳动者身上的具体体现，主要包括爱岗敬业、勤劳务实、艰苦奋斗、创新创造、拼搏进取、无私奉献等在劳动者身上体现出来的优秀品质和精神风貌。一切符合时代要求、创造各种价值的辛勤劳动、诚实劳动和创造性劳动所体现出来的积极状态和优秀品质都属于新时代劳动精神的范畴。研究和把握"劳动精神"的重要内涵，对于营造劳动光荣、劳动伟大的时代风尚，增强适应经济发展新常态的内生动力，具有十分重要的理论和实践意义。

从近几十年中国社会的变化来看，国家所取得的成绩离不开劳动人民在各自岗位上付出的劳动。这些劳动的背后有一种劳动精神，它是劳动人民为创造美好生活而在劳动过程中展现出来的劳动态度、劳动理念、劳动品质和劳动成就的总和。在各个不同时期出现的崇尚劳动、热爱劳动、辛勤劳动、诚实劳动的劳动精神，是从千千万万劳动群众身上提炼和升华出来的精神气质，是劳动者劳动意识、劳动理念、劳动态度、劳动习惯的集中展示。新时代的劳动精神根植于人类发展和中华民族的悠久历史，具有鲜明的中华传统文化特征，这对于树立时代新人的正确劳动价值观，培养时代新人的崇高劳动品质，塑造时代新人的健全人格等都具有重要意义。新时代的劳动精神具有以下几方面的内涵。

一、崇尚劳动

崇尚劳动是对劳动的内在价值的认同。劳动创造了人类社会的一切文明，创造了中华民族的过去、现在，也必将创造出中华民族光明的未来。所有的社会进步都是劳动的

---

① 潘维琴，王忠诚，2021. 劳动教育与实践[M]. 北京：机械工业出版社.

结果，不是空想和投机的结果。崇尚劳动既是对社会历史的科学认识，也是人文精神的体现。劳动创造了人类生存所必需的全部物质条件和精神条件，是人类存在和社会发展的前提。人类之所以发展、社会之所以进步的原动力，就是对劳动的科学认知和矢志传承。人类历史发展的客观规律充分证明，劳动者是物质财富和精神财富的创造者，劳动者是在劳动中展示伟大风采的。纵观人类历史，所有梦想的实现、所有的重大成就都跟秉持自强不息的劳动精神有关，所以我们从事一份职业，应该辛勤地、诚实地、创造性地去做。

拓展阅读 6-1

中国大山里的海伦·凯勒

贵州省贵阳市白云区第三中学一名盲人女教师刘芳，人称"中国大山里的海伦·凯勒"。

刘芳曾是一个快乐单纯的姑娘，绘画、写诗、书法、唱歌、跳舞，样样都行。但是一纸命运判决从天而降，医生诊断她患了视网膜色素变性，以后会成为一个盲人。此后十年，她一直不愿接受这个现实。但现实就是这么残酷，她的视野开始变窄，缩成了扁筒状，视力一年比一年模糊。

对刘芳来说，放弃三尺讲台，远比失明更痛苦。然而，一个盲人要想留在讲台，无疑要付出超过常人几倍的努力。

为了教好书，刘芳把初中三年的文言文全部背了下来，把几大本厚厚的讲义全都装在了心里。尽管视力越来越差，但课却讲得越来越精彩。

为了把课上得更加生动形象，她几乎变成了相声演员，说、学、逗、唱样样行，使课堂充满了欢声笑语。刘芳说："眼睛不好，上课就一定要生动，才能把几十双眼睛吸引到我这儿来。"她将作文评改从办公室搬到了教室，让学生朗读作文，她和全班同学一起即时点评。这不仅克服了视觉弱点，而且一举多得，让每个学生都受到了听、说、读、写多方面的训练。即时点评，对教师的脑力、心力都是挑战，而刘芳却信心满满地迎接各种挑战。

她的班级成绩不仅没有退步，反而教出了两个语文单科中考状元。从 2008 年起，她又开始了一份开创性的工作——心理咨询。

整整十年，她从光明走向黑暗。她不仅没有被黑暗吞没，反而活出了前所未有的光彩。她凭着超人的毅力，教书、写书、救助经济困难的儿童，工作得比很多正常人更出色，她用一颗热诚的心照亮了身边无数人。

刘芳爱读书，在失明之后，她还经常去逛书店。她的计算机装了盲人软件后，经常敲点东西就成了她最大的乐趣。她先后创作了两部长篇小说，其中《石榴青青》已经出版。她在小说的前言中写下了一句话："一条河，在地面奔腾时是一条河，在地下流淌时还是一条河，最后它们都奔向了大海，在那里它们的灵魂是平等的。"

（资料来源：作者根据相关资料整理改编而成。）

二、热爱劳动

热爱劳动是对劳动的情感认同。热爱劳动的人将永远焕发出美丽动人的光彩。热爱劳动是中华民族的传统美德。"劳心者治人，劳力者治于人"的传统观念曾在许多人的头脑里根深蒂固，但劳动对于一个自由发展的人来说是幸福的。当一个人的自由潜能被挖掘、激发、培养、展现出来的时候，他一定会热爱这种潜能在社会上对应的劳动。一个人对自己的劳动越热爱，他能学到和体会到的就越多、越丰富。热爱劳动是符合人性的，同时也需要不断发挥个人的主观能动性。

很多时候，基层工作容易让人迷茫、倦怠甚至会产生抱怨的情绪，这时我们不妨换位思考：如果自己是中层、高层领导的话，会怎样开展工作，还会这样抱怨下去吗？所以，与其抱怨不公、不满，不如把时间花在提升自己、提高本领上。这种从基层蓄势待发准备成长为中流砥柱的工作态度，也是热爱劳动的体现。热爱劳动是在崇尚劳动的基础上，对劳动行为的一种内在选择和情感表达，比崇尚劳动上升了一个新的层次，即对劳动的态度由自在阶段达到自为阶段，表现为发自内心的对劳动的热爱。青年学生应热爱劳动，将个人梦想与国家梦想紧密相连，把人生理想、家庭幸福融入国家富强、民族振兴的伟大事业。新时代我们仍须发扬雷锋同志的"螺丝钉精神"，热爱本职工作，忠于职守，敬业奉献，做到"冲得出来，顶得上去"。

三、辛勤劳动

辛勤劳动是对劳动的实践认同。辛勤劳动就是要埋头苦干、真抓实干，干在实处、干出成果。它具有以下四个层次的精神意蕴：①"想干"的精神境界，即以更强的使命、更足的干劲、更实的作为，争做新时代的奋斗者；②"敢干"的责任担当，即以顽强的毅力勇挑重担，有胆识、有谋略；③"真干"的实践品质，即以务实的作风、敬业的态度，抓铁有痕、踏石留印；④"巧干"的创新能力，即以过硬的素质、卓越的才能在新时代创新创业中成大事。

辛勤劳动表现为勤奋工作,只争朝夕,不辞劳苦。勤劳是中华民族的传统美德,我们自古流传精卫填海、愚公移山的劳动精神,赞美"谁知盘中餐,粒粒皆辛苦"珍惜劳动成果的精神。孔子的"力行近乎仁",陆游的"纸上得来终觉浅,绝知此事要躬行",王阳明的"知行合一",《弟子规》的"不力行,但学文。长浮华,成何人",讲的都是努力实践和探索的精神。劳动在本质上是实践的,包括人类改造自然的生产实践、变革社会关系的社会实践和探索世界规律的科学实验活动。这些实践的过程必须通过辛勤劳动去实现,需要劳动者勤奋敬业、埋头苦干、勤勤恳恳地为他人和社会提供产品和服务。世界上没有坐享其成的好事,一切幸福都要靠辛勤劳动来创造。劳动是财富的源泉,也是幸福的源泉。劳动是幸福的"进行时",也是幸福的"未来时",辛勤劳动本身就是一种幸福、一种体验、一种收获,人们在劳动中体现价值、展现风采、感受快乐。辛勤劳动更是幸福的持久保障,没有经过辛勤劳动获得的成果如指间流沙经不起时间的考验。唯有付出过艰辛劳动的人,才能懂得什么是真正的幸福,并心安理得地享受自己创造的幸福。

四、诚实劳动

诚实劳动是对劳动的道德认同。这是劳动者在客观世界劳动过程中的一种境界,既是对待劳动的职业道德准则,也是劳动者的行为规范,这就要求我们在劳动过程中要恪尽职守、遵规守纪,内诚于心、外信于人,行有所忌,达到内在道德修养与外在行为准则的统一。随着国家的不断繁荣富强,民主法治的不断推进,以及社会信用体系的不断升级加强,对诚信的重视越来越成为一种社会共识。与此同时,社会创新也需要诚实劳动作为坚实的基础,没有创新就很难取得更大的成就。如果没有对知识产权的尊重,没有对诚实、诚信底线的基本坚守,就没有对原创的保护与鼓励,而未来依然需要我们每个人发挥创新精神去推动各行各业的进步。

民无信不立,诚信不仅是立身之本,更是立国之本。诚实劳动要求劳动者将全部体力和脑力诚实地付诸劳动实践,既不驰于空想,也不骛于虚声。弄虚作假、偷工减料、抄袭剽窃这些都不利于社会和谐发展,我们必须杜绝这些错误行为。"忠于职守、爱岗敬业"就是要干一行、爱一行、钻一行。只有做到勤勉工作、精益求精,才能在平凡的岗位上干出不平凡的业绩。诚实劳动是人全面发展的重要基础,也是人心理健全的重要表现。我们需要通过构建规范有序、公正合理、互利共赢、和谐稳定的劳动关系来实现全社会的诚实劳动。

第二节 ｜ 弘扬劳动精神——成为有素质的劳动者

对个人而言，劳动是生存的理由；对家庭而言，劳动是改善生活的手段；对国家而言，劳动是推动社会发展进步的力量。我们只有通过不断的拼搏努力和诚实劳动，才能绽放不一样的精彩，彰显人生的价值，创造美好的生活。[①]

一、劳动精神的遮蔽

劳动精神培育要着重于思想的价值塑造，新时代劳动精神培育主要面临个体主观意识存在偏差、理论武装薄弱等问题，具体体现在以下两方面。①受一些社会不良风气的影响，部分学生对于劳动精神的认知存在偏差，片面追求及时享乐与暴富心理，减弱了对脚踏实地、吃苦耐劳、勤勉劳动等劳动品质的追求。②网红一夜暴富、明星天价片酬，使部分学生产生"勤不能快速致富""体力劳动低人一等"等错误思想，对劳动精神的认知陷入误区。随着全球经济文化交流的加强，不同文化思想的碰撞交织更为激烈，青年学生由于参加体力劳动较少，很难体会马克思主义关于人民群众通过劳动实践缔造历史论断的本质内涵。他们的劳动理论知识薄弱、实践感知不足，致使他们自身免受扭曲劳动思想价值浸染的能力大打折扣。

人的劳动不是为某种功利性的目的，而是基于自身潜能获得自我实现，在劳动中实现人不役于物的审美价值。蔡元培先生认为，理想的社会是人人都应该工作，从而使个性得到全面和谐发展，以造就人人平等的社会[②]。这一观点揭示了劳动教育与职业之间的天然联系，二者唯有浑然一体，才能让学生以正确的劳动精神引领自己的发展，发现自己的潜能优势，从而明晰未来的职业发展趋向。

二、用劳动精神照亮前行之路

劳动是人类生存和发展的基础，劳动对于社会发展至关重要，劳动者身上的那种坚定理想信念、勤劳实干、勇于创新、争创一流、以民族振兴为己任的劳动精神，让人备

[①] 袁国，徐颖，张功，2020. 新时代劳动教育教程[M]. 北京：航空工业出版社.
[②] 北京师联教育科学研究所，2006. 蔡元培"健全人格"教育思想与教育论著选读：第四辑第 16 卷 [M]. 北京：中国环境科学出版社.

受鼓舞。在全面建设社会主义现代化国家的新征程上，我们要发扬劳动精神，照亮个人成长之路、照亮社会进步之路、照亮创新发展之路。

（一）劳动精神照亮个人成长之路

"书山有路勤为径，学海无涯苦作舟""业精于勤，荒于嬉"，在个人的学习、工作道路上，我们唯有勤奋，唯有发扬劳动精神才能不断成长。新中国成立后，曾涌现出"高炉卫士"孟泰、"铁人"王进喜、"两弹元勋"邓稼先、"知识分子的优秀代表"蒋筑英等一大批先进模范人物，"铁人"王进喜以"宁肯少活二十年，拼命也要拿下大油田"的气概，带领石油工人为我国石油工业发展顽强拼搏。"铁人精神""大庆精神"成为激励全国人民意气风发投身社会主义建设的强大精神力量。在改革开放新时期，"蓝领专家"孔祥瑞、"金牌工人"窦铁成、"新时代雷锋"徐虎、"中国航空发动机之父"吴大观等一大批劳动模范和先进工作者，带动人民群众锐意进取、积极投身改革开放和社会主义现代化建设，为国家和人民建立了杰出功勋。在未来的日子里，我们每个人都应该重塑劳动价值、尊重劳动创造，以劳动精神点亮个人成长之路，为实现中华民族伟大复兴的中国梦而努力奋斗。

"功崇惟志，业广惟勤"，我们每一个人无论从事什么职业，都要勤于学习、善于实践，踏实劳动，在工作上兢兢业业、精益求精，努力在平凡的岗位上干出不平凡的业绩。新时期，我们要通过诚实劳动来实现人生梦想，反对一切不劳而获、投机取巧、贪图享乐的思想，我们要用劳动精神照亮个人前行之路。

（二）劳动精神照亮社会进步之路

中国人历来以劳动为荣，是一个崇尚劳动、勤劳勇敢的民族，而且以刻苦耐劳著称于世。远古时期，就有神农氏教民农作、舜帝躬耕历山的记载，歌颂了古代圣贤以身作则、勤于劳作的高尚品德。正是中华民族历来推崇的勤劳勇敢、吃苦耐劳的劳动精神，点亮了源远流长、薪火相传、与时俱进的"中国精神"。

劳动创造了物质财富和精神财富，是推动人类社会进步的根本力量。劳动精神让社会财富、社会文化更加璀璨，使社会变得更加安定、和谐、美丽。虽然时代变迁、斗转星移，但劳动的"本性"从未改变。正是这种劳动精神，让人类从原始社会的结绳记事、钻木取火走向现代文明社会；让人类社会从"手工纺织"时代进入"蒸汽时代"，迈向信息时代。中华民族的辉煌历史，当代中国社会的发展奇迹，无一不凝结着从古至今劳动人民的心血和汗水，是劳动人民智慧的结晶。

劳动创造了世界，劳动让我们有了更加美好的生活。优秀劳动者以他们的出色劳动、艰辛付出，为我们诠释了劳动的价值和榜样的力量。新时代立德树人需要为青年学生塑造创新型、担当型、引领型、国际型、学习型的"重要他者"。例如，被誉为"杂交水稻之父"的袁隆平，为解决人类粮食产量低而食不饱腹的问题，立志用农业科学技术击败饥饿威胁，风里雨里研究杂交水稻近60年，引领世界杂交水稻研究几十年。又如，南仁东，一生为"中国天眼"燃尽生命。他们这种凭借理想、勤奋、毅力、进取，探索科学无止境、引领世界科学技术发展的精神，推动了整个社会的不断发展，他们堪当新时代立德树人的典范，引领着我们照亮社会进步之路。我们要充分挖掘自己的创新潜能，以劳动创造助力改革，谱写新时代的劳动者之歌。

（三）劳动精神照亮创新发展之路

劳动精神的关键维度在于实施创新和创造性劳动，弘扬劳动精神要关注提升学生的创新性和创造能力。创造性劳动是对简单模仿、一味重复的常规性劳动的否定，它是指以最大限度挖掘人的创造性思维、释放人的主观能动性，突破现存事物旧的表现形式和物质形态，从而生产创造出具有新的使用价值的劳动形式。

劳动者在创造和享受生存所需的物质产品的同时，也表现出对精神所需的生命价值与意义的追寻，创造性劳动在促进人的自由全面发展及推动社会全面进步中发挥着极为重要的作用。出于社会发展的外在需求及个人发展的内在要求，创造性劳动既要求劳动者的各种最基本或基础的素质得到全面发展，又要求劳动者在各种素质及其内部各种要素的结构组合上追求自由发展、个性发展和创造性发展。只有全面发展和自由发展并驾齐驱，才能真正提高劳动者的综合素质，释放其劳动潜能，增强其创新创造能力。

创造性劳动是推动国家和民族向前发展的根本力量。面对新一轮全球科技竞争呈现的新态势、新特征，适应和引领我国经济发展的新常态，关键是依靠科技创新转换发展动力，抓住科技创新就是抓住牵动我国发展的牛鼻子。创造性劳动是一个系统工程，它需要不断推进理论创新、实践创新、制度创新及其他各方面创新，时时讲创新、事事想创新、处处谋创新。创造性劳动并非单纯科学家的分内事，而是全民族劳动者共同的事业，因此我们要普及科学知识、弘扬科学精神、传播科学思想、倡导科学方法，使蕴藏在人民中间的创新智慧充分释放、创新力量充分涌流。

拓展阅读 6-2

创新是时代的发展主题

2015 年 12 月 10 日，在瑞典首都斯德哥尔摩音乐厅诺贝尔奖颁奖仪式上，当中国科学家屠呦呦从瑞典国王手中接过诺贝尔生理学或医学奖奖章时，关于她的话题再次刷爆朋友圈。这是国际科学界对中国科学家所做努力和取得成果的肯定。

创新从来都是拓新路，提取到青蒿素，屠呦呦经历了 190 多次的失败。从青年到暮年，屠呦呦的成功来源于她的执着专一。创新如同跑马拉松，非意志坚定者不能到达终点。

荣获国家自然科学一等奖的铁基高温超导研究项目，凝聚着中国科学院物理所院士赵忠贤团队 20 多年的心血；张益唐教授在世界性数学难题"孪生素数猜想"问题上获得破冰性的进展，源自他几十年如一日的默默攻关……事实证明，创新离不开"咬定青山不放松"的定力，创新需要一如既往的坚持，需要不屈服于外部环境的诱惑和压力，恒心静气、扎实做事，才能平淡为学、行稳致远。

如今，创新创业成为鲜明的时代主题，新时代中国的好政策为创新者提供了难得的机会和广阔的舞台。我们期望在新时代的舞台上涌现出更多的"屠呦呦"，以个体的点滴汇成奔涌的大河，缔造出更具活力的创新中国，创造出更多惠及全人类的优质成果。

（资料来源：作者根据相关资料整理改编而成。）

第三节 ┃ 新时代劳动精神培育的优化路径

劳动精神的培育、弘扬与践行是一个系统工程，围绕培养时代新人这个重大命题，全社会需要通过理念转变、实践养成、舆论宣传、制度保障等方面进行科学的规划和设计，构建全员化、全方位的劳动教育保障机制，以增强劳动精神培育的实效性。

一、价值引领：实现个体情感认同

劳动情感是人的情绪情感在劳动实践上的体现和反映，是劳动这一客观对象与人的心理相互作用条件下所产生的体验和感受，是一个人基于感情满足需要程度而形成的对劳动的良性心理体验和情感依赖关系，是人对劳动比较稳定而具有深刻社会意义的感情。新时代劳动精神的培育和提升，需要将劳动同实现个人价值与社会价值融合起来。劳动幸福作为一种情感体验，承载着重要的价值指向和合理表达，因此我们要坚定"劳动光荣"的初心。

中国共产党领导中国人民在革命和建设道路上产生的南泥湾精神、时传祥精神、大庆精神、载人航天精神、抗疫精神……无不闪耀着劳动的光辉。我们要着眼于劳动精神培育的本质，使学生树立"劳动最光荣""尊重是对劳动精神最美的礼赞"等思想观念，注重强调学生对劳动精神的情感认同，借助社会正能量、名人榜样力量及积极向上的主流思想，全面提升学生的劳动认同情感。我们要尊重和鼓励学生参与社会劳动，展现当代青年勤劳朴素的精神风貌，使学生发自内心地产生积极的情感认同，提升自身的劳动精神境界。

同时，我们要正确看待劳动与个人成长成才的关系，即通过劳动才能实现人生价值，付出劳动必然会有相应的人生收获。我们要树立自食其力的劳动思想，依靠自己的劳动所得来满足自己的生活，通过劳动满足自身的需要，最终达到自我价值的实现。

二、正确导向：营造劳动文化氛围

培育劳动精神，需要加强舆论宣传，营造弘扬劳动精神的社会风尚。全社会都要倡导劳动精神，不断探索宣传劳动精神的新模式，在全社会范围内树立劳动光荣的价值导向。因此，我们要发挥好各种媒体的力量，加大劳动精神的宣传力度，推进时代劳模与大国工匠进校园，增强学生对榜样模范的热烈向往，形成正确的舆论导向，使他们更好地施展自身才华，实现自我价值。例如，利用校园广播介绍劳模的光荣事迹，以组织读书学习会或安排各种演讲活动等（如《我心中的英雄》），形成模块化的舆论宣传内容，最大限度地挖掘榜样的示范带动作用。

1）形成倡导劳动精神的主流文化意识氛围。学校应充分发挥网络媒介的积极宣传作用，建构正向的价值追求，特别是"劳动光荣、创造伟大"的价值追求，倡导"尊重劳动、尊重知识、尊重人才、尊重创造"的价值导向。

2）大力宣传劳动模范与大国工匠的先进事迹。学校通过宣传劳动模范先进事迹、"非遗"传承人进校园等活动，大力弘扬劳动美、创造美、贡献美，用他们的先进事迹和精神激励学生争做劳动模范和大国工匠，争做社会主义核心价值观的践行者。

3）加强对负面舆论的监督引导。榜样学习不是为了在大学生心中树立一个虚无的

"重要他者"，而是帮助他们从真实、立体的"重要他者"身上汲取正能量，服务于新时代青年的学习、生活与发展。针对社会上负面舆论进行监督，加强正向引导。

三、多维教学：强化家校社企联动

1）树立全面发展的教育理念。劳动精神的培养是实现人的全面发展的基础，是学生自我发展、自我完善的重要途径。学校必须转变传统理念，从办学理念到学科设立、专业开设、课程设置等方面满足学生全面发展需求和经济社会发展的要求，突出劳动精神的培养在整个人才培养体系中的重要地位。

2）深入挖掘课程中的劳动精神元素。挖掘专业课程中蕴含的劳动精神元素，既要加强对马克思主义劳动价值观的解读，更要结合时代特征增加对创新劳动的介绍，对课程进行具体化、趣味化和生活化设计，潜移默化地引导学生树立对劳动意义和价值的正确认识，从而提升学生劳动情感的认同度、劳动意志的内化度、劳动行为的一贯性。

3）在校园文化活动中嵌入劳动精神内容。将各类校园文化活动与劳动精神培养有机结合，立足校园开展卫生保洁、绿化设计、宿舍美化、校园风貌整治等公益劳动，与社团活动、班级活动、日常教育活动相结合开展劳动主题实践体验活动，使劳动精神的培养常态化。

4）强化家校社企联动，加大场域资源共享。社区、企业、乡村等校外场域中蕴含着丰富的劳动精神培育资源，要积极组织学生到这些校外场所开展社会调查、社区服务、公益劳动和勤工助学等活动，将教育同生产劳动和社会实践相结合，在实践中培养学生热爱劳动、珍惜劳动成果的思想感情和艰苦奋斗的劳动作风。

5）结合创新创业改进劳动教育方式。将劳动精神培育与学生喜爱的创新创业活动、探究性学习、研学旅行、传统手工制作、传统节日活动相结合。课程、师资、专业、实践教学都要围绕学生劳动精神培养的实际需要，提高学生在思维方法和实践操作等方面的能力，鼓励教师用新理论、新知识、新技术更新教学内容，切实为学生劳动精神的建构和创新能力的增强提供保障。

同时，学校还可以结合就业教育，引导学生树立正确的劳动观。学校应结合就业教育，鼓励学生积极主动地参与就业，使学生把对劳动精神的正确认识转化为实际的劳动行为，这也是学生对自己的劳动认知、劳动情感转化为具体劳动行为的检验。

四、行胜于言：重塑行知耦合格局

弘扬和发展劳动精神重在实践，知行合一。大学生投身劳动实践，需要向身边的普通劳动者学习，通过日常生活劳动、生产劳动、各种服务性劳动等劳动实践，培养自己的劳动精神，强化责任担当意识，做富有劳动精神的社会主义建设者和接班人。

教育者要确保学生在劳动教育中获得职业认同感，在这个过程中赋予学生反思性、理智性的活动。因此，我们需要在劳动中为学生创设良好的公共生活。阿伦特认为："所有人类的活动都取决于这一事实，即人是生活在一起的。"[①]在劳动中，学生通过积极行动，与他人共同生活在一个公共的世界里。劳动精神是人性的重要方面，缺失劳动精神的个体将无从获得存在的意义。劳动精神的获得能够丰富学生的生活，开拓学生的公共生活领域。因此，当前的劳动教育必须为学生创造广阔的公共生活空间，为学生创设感悟公共生活的情境。在共同的劳动生活中，引导学生协调自我与群体的价值取向，培育学生的义务感、责任感及权利感，使学生逐渐体会到自我责任与价值，形成对自我的正确判断，在不断进行的自我追寻中，构筑学生自我的劳动精神世界。

若要实现知行合一，劳动教育实践活动还须把参与社会服务性劳动纳入进来。社会服务性劳动是指个体愿意贡献个人的时间及精力，在不求任何物质报酬的情况下，为改善社会、促进社会进步而提供服务。青年学生应利用学习之余积极参与社会服务，这既是很好的劳动体验，又是提升自身劳动素养和劳动能力的重要方式，有利于更好地接触社会、了解社会，为将来更好地服务社会做准备。

大学生参与社会服务性劳动，一方面，可以帮助他人，为社会提供丰富的劳动服务成果；另一方面，随着社会的发展，人与人之间的联系更加多元，通过为社会和他人提供服务可以提高自己的劳动能力，从服务社会和帮助他人中获得成就感和幸福感。这种自愿地、不计报酬地服务他人和参与社会公益事业的劳动，有助于传递社会正能量、弘扬社会正气，形成积极向上、诚信互助的良好社会风尚，更有助于劳动精神的养成。社会服务性劳动是大学生参与社会实践、成长成才的重要舞台，是大学生关爱他人、奉献社会的重要途径。大学生通过参与助力乡村振兴发展、城市社区管理、环境保护、社会公益等社会实践，做力所能及的事，结合自身的能力、专业、特长在实践中不断长知识、强本领、增才干。

今天的大学生沐浴着新时代的新气象、伴随祖国强盛的步伐成长起来，在和平、幸福的环境下接受优良的教育，实现对美好生活的不断追求。因此，不能忘记今天的美好

---

① 汉娜·阿伦特，1999. 人的条件[M]. 竺乾威，等译. 上海：上海人民出版社.

生活是如何得来的，要明白社会主义是干出来的，新时代也是干出来的，更要自觉培养自己的实干精神，学习榜样，躬身行动，传承劳动精神。① 未来在前行道路上，披荆斩棘是必然，风雨兼程是常态，而支撑我们一路走来的，始终是面对艰难而百折不挠、历经困苦仍昂扬进取的劳动精神。弘扬劳动精神，用坚定的脚步迈向明天。伟大的事业呼唤着我们，庄严的使命激励着我们，砥砺前行的道路催征着我们。所有的声音都凝聚成一个颠扑不破的真理——唯劳动者强，唯奋斗者赢，唯拼搏者胜。莫等闲，让我们以实践和行动来弘扬劳动精神，以昂扬的姿态走向明天，在青春的赛道上奋力奔跑。

深入思考

1. 挖掘身边"最美劳动者"的先进事迹，这些事迹对自己有什么启发？

2. 组织"我身边的最美劳动者"演讲比赛，从中你对最美劳动者有什么感想？

3. 弘扬劳动精神有哪些途径？

4. 寻找你身边的劳动者，拿起相机，拍下他们劳动的模样，记录劳动的感人瞬间。以"致敬劳动者"为主题，开展摄影活动，将作品展示出来，并在班级范围内进行分享及评比。这类活动，使你对劳动者的劳动过程产生什么样的体会？

推荐阅读

1. 苏霍姆林斯基，2019. 苏霍姆林斯基论劳动教育[M]. 萧勇，杜殿坤，译. 北京：教育科学出版社.

2. 刘燕，程静，2022. 劳模精神、劳动精神、工匠精神融入高职思政课教学实践研究[J]. 教育与职业（2）：85-90.

3. 习近平，2013. 充分发挥工人阶级主力军作用，依靠诚实劳动开创美好未来[N]. 人民日报，2013-04-29（1）.

4. 习近平，2014. 习近平在乌鲁木齐接见劳动模范和先进工作者、先进人物代表，向全国广大劳动者致以"五一"节问候[N]. 人民日报，2014-05-01（1）.

5. 习近平，2015. 在庆祝"五一"国际劳动节暨表彰全国劳动模范和先进工作者大会上的讲话[N]. 人民日报，2015-04-29（2）.

6. 习近平，2016. 习近平：紧跟时代肩负使命锐意进取，为共同理想和目标团结奋斗[N]. 人民日报，2016-04-30（1）.

7. 习近平，2016. 习近平：在知识分子、劳动模范、青年代表座谈会上的讲话（2016

---

① 袁国，徐颖，张功，2020. 新时代劳动教育教程[M]. 北京：航空工业出版社.

年 4 月 26 日）［N］. 人民日报，2016-04-30（2）.

8. 习近平，2018. 习近平给中国劳动关系学院劳模本科班学员的回信［N］. 人民日报，2018-05-01（1）.

9. 北京师联教育科学研究所，2006. 蔡元培"健全人格"教育思想与教育论著选读：第四辑第 16 卷［M］. 北京：中国环境科学出版社.

10. 陈世涵，2023. 劳动，学生成长的必修课［N］. 人民日报，2023-02-09（14）.

11. 钮烨烨，2022. 劳动教育的"横线"和"纵线"［N］. 中国教师报，2022-05-25（4）.

第七章
职 业 道 德

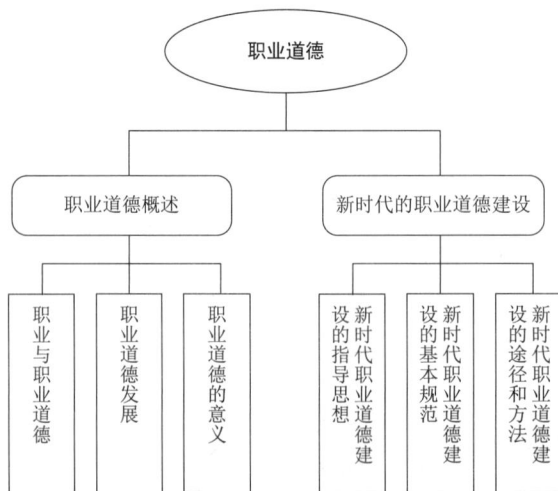

学习目标

1. 了解职业的本质、职业道德的形成及发展。
2. 理解职业道德的含义及意义，职业道德建设的核心思想、原则和价值指引，职业道德范畴和职业道德规范。
3. 运用职业道德建设的途径和方法，践行新时代职业道德规范，做新时代的好建设者。

本章导读

- 职业道德
  - 职业道德概述
    - 职业与职业道德
    - 职业道德发展
    - 职业道德的意义
  - 新时代的职业道德建设
    - 新时代职业道德建设的指导思想
    - 新时代职业道德建设的基本规范
    - 新时代职业道德建设的途径和方法

⊙**问题导入**⊙

职业道德的时代意义

一砖一瓦砌成事业大厦，一点一滴创造幸福生活。幸福生活往往蕴含着职业道德的光彩。

《新时代公民道德建设实施纲要》要求："推动践行以爱岗敬业、诚实守信、办事公道、热情服务、奉献社会为主要内容的职业道德，鼓励人们在工作中做一个好建设者"。明确职业道德内涵、倡导践行职业道德，不仅是新时代公民道德建设的重要内容，也是培育和践行社会主义核心价值观、弘扬民族精神和时代精神的内在要求。在"劳动最光荣、劳动最崇高、劳动最伟大、劳动最美丽"的新时代，职业道德不仅是一笔宝贵的社会精神财富，更直接引领社会物质财富的创造；不仅是厚植个人安身立命的坚实基础，更为强国建设注入活力。在新时代培养担当民族复兴大任的时代新人，一个重要内容就在于以职业道德建设引领行业文明进步，让高尚的职业情操、坚实的职业奉献，为社会文明风尚凝心聚力，为经济高质量发展固本培元。

加强职业道德建设，对个人而言，意味着砥砺职业操守、恪守职业本分、干好本职工作，每件事、每个细节、每个产品力求无愧本心；对社会而言，需要弘扬道德楷模精神、营造爱岗敬业氛围，形成学有榜样、行有示范的良好风气；对国家而言，需要完善政策、搭建平台、健全机制，让广大劳动者敢想敢干、敢于追梦。当崇高的职业道德落实为掷地有声的职业行动，实现中华民族伟大复兴的中国梦就有了强大的精神力量和道德支撑。

新时代是奋斗者的时代。坚守职业道德，为职业理想而奋斗，我们就能以职业贡献为荣，抵达生命的辉煌。

（资料来源：作者根据相关资料整理改编而成。）

思考：

1. 为什么职业道德是新时代公民道德建设的一个重点？

2. 为什么做新时代好建设者要恪守职业道德？

3. 新时代青年应具备什么样的职业道德？

道德为人生之本、民族之魂、国家之基。中国特色社会主义进入新时代，对新时代公民道德建设提出了新的更高要求。职业道德是公民社会道德的有机组成部分。大学生是新时代社会主义的建设者和接班人，能否养成良好的职业道德素养，对于个体关系到能否实现全面发展,对于社会关系到能否健康有序地运转。

第一节 | 职业道德概述

职业道德在社会体系中是十分重要的维度,它不仅仅是人类社会精神维度的元素,更是国家文明程度的重要指标。随着社会经济的不断发展,分工更加细化,职业对于个人和社会的影响越来越大。职业道德在社会转型过程中,面临着新的挑战,面临着全球化、市场化、信息化的挑战,要经受新的价值观的冲击和社会经济发展中出现的许多负面因素的影响。滞后的职业道德水平不仅会制约个人的发展,还会影响行业的整体进步及社会的繁荣稳定。

一、职业与职业道德

(一)职业与道德

职业,又称为工作岗位,是指个人所从事的服务于社会并作为主要生活来源的工作。职业是社会分工的产物,是劳动者参与社会分工,以专门的知识和技能为基础,为社会创造物质财富和精神财富,获取合理报酬,作为物质生活来源,并满足精神需求的工作,它是劳动者在社会中的劳动角色。

马克思主义伦理学认为,道德是人类社会特有的,由社会经济关系决定的,依靠内心信念和社会舆论、风俗习惯等方式来调整人与人之间、个人与社会之间及人与自然之间关系的各种行为规范的总和。不同的时代、不同的阶级往往具有不同的道德观念。在不同的文化中,人们所重视的道德元素和所持有的道德标准也常常有较大差异。根据道德的表现形式,可以把道德分为家庭美德、社会公德、职业道德和个人品德四大领域。

(二)职业道德规范

职业道德是社会道德的一个类型,随着社会分工的产生和发展,职业道德也相对从社会道德中独立出来。职业道德是调整不同职业之间、同一职业内部及从事本职业人员之间关系的一种道德规范,是符合职业要求的道德情操与道德品质的总和。职业道德包括品德、责任、纪律等，表示公民通过相关的道德守则来对职业活动中的行为加以约束。简单来说，职业道德就是公民在所进行的工作活动中必须遵守的行为标准。

职业道德不是曲高和寡的阳春白雪，也不是空来空往的坐而论道，而是浸润在各种职业中的一定之规。例如，为官要有公正廉洁、勤政安民的官德；教师要有为人师表、教书育人的师德；经商要有公平交易、童叟无欺、货真价实、遵守契约的商德；新闻工作者不可胡编乱造，搞"有偿新闻"；科研工作者要实事求是，不可剽窃抄袭；档案管理工作者不能泄露秘密……由于职业分工不同，人们会形成不同的职业理想，形成各自特殊的职业习惯、道德传统及特殊的品格作风等。表 7-1 为我国部分行业的职业道德规范。

表 7-1　我国部分行业的职业道德规范

行业	规定	发文机关	效力级别
教育	《中小学教师职业道德规范》	中华人民共和国教育部	部门规章
	《中等职业学校教师职业道德规范》	中华人民共和国教育部、全国教育工会	部门规章
	《高等学校教师职业道德规范》	中华人民共和国教育部、中国教科文卫体工会全国委员会	部门规章
金融	《银行业从业人员职业操守和行为准则》	中国银行业协会	行业规定
	《银行间本币市场交易员职业操守指引（试行）》	全国银行间同业拆借中心	部门规章
	《资产评估基本准则》	中华人民共和国财政部	部门规章
法律	《中华人民共和国法官职业道德基本准则》	中华人民共和国最高人民法院	司法解释
	《中华人民共和国检察官职业道德规范》	中华人民共和国最高人民检察院	司法解释
	《律师职业道德和执业纪律规范》	中华人民共和国司法部	部门规章
	《公安机关人民警察职业道德规范》	中华人民共和国公安部	部门规章
	《监狱劳教人民警察职业道德准则》	中华人民共和国司法部	部门规章
传媒	《中国新闻工作者职业道德准则》	中华全国新闻工作者协会	行业规定
	《中国广播电视播音员主持人职业道德准则》	国家广播电视总局	部门规章
	《中国广播电视编辑记者职业道德准则》	国家广播电视总局	部门规章
	《中国出版工作者职业道德准则》	新闻出版署	部门规章

（三）职业道德的基本范畴

职业道德的基本范畴是职业道德体系的重要组成部分，它是反映行业之间，行业内部从业人员之间，从业人员与社会之间最重要、最本质、最普遍的道德关系的概念，使人们具有强烈的责任感和自身评价的能力，能够自觉地调整自己的职业行为，实现职业道德的要求。职业道德的基本范畴包括职业理想、职业义务、职业权利、职业责任、职业纪律、职业良心、职业荣誉和职业幸福。

1. 职业理想

职业理想是人们对职业活动目标的追求和向往，是人们的世界观、人生观、价值观在职业活动中的集中体现。它是形成职业态度的基础，是实现职业目标的精神动力。

2. 职业义务

职业义务是指在职业活动中，在道德上应尽的责任和不要报酬的奉献。每一个从业者都有维护国家利益、集体利益，为人民服务的职业义务。

3. 职业权利

职业权利是指从业人员在自己的职业范围内或职业活动中拥有的支配人、财、物的力量。

4. 职业责任

职业责任是指从事某种职业的个人，对他人、集体（班组、部门、单位、行业）和社会所承担的责任。

5. 职业纪律

职业纪律是在特定的职业范围内从事某种职业的人要共同遵守的行为准则。例如，国家公务员必须廉洁奉公、甘当公仆，公安、司法人员必须秉公执法等。

6. 职业良心

职业良心是指从业人员在履行义务的过程中所形成的职业责任感及对自己职业行为的稳定的自我评价与自我调节的能力。例如，商业人员的职业良心是"诚实无欺"，医生的职业良心是"治病救人"。从业人员能做到这些，良心就会得到安宁；反之，则会产生不安和愧疚感。

7. 职业荣誉

职业荣誉是从业人员对自己的职业行为所具有的社会价值的自我意识和自我体验。

当一个从业者职业行为的社会价值赢得社会公认时，就会由此产生荣誉感；反之，就会产生耻辱感。

8. 职业幸福

职业幸福是指从业人员在具体的职业活动中，由于奋斗目标、职业理想的实现而获得的精神上的满足和愉悦。这种体验可以来自物质上的富足，也可以来自精神上的丰盈。例如，教师在教学生活中感到心情舒畅，精神愉悦，把学生培养成才，感到满足、自豪。教育不是牺牲，而是享受；教育不是重复，而是创造；教育不是谋生的手段，而是生活的本身。有这种感受的教师更能体验职业的幸福。

二、职业道德发展

职业道德是随着社会分工的发展，并出现相对固定的职业集团时产生的。人们的职业生活实践是职业道德产生的基础。从历史的角度去考察职业道德的产生、发展、丰富和完善的进程，有助于我们认识和把握职业道德发展的历史必然性及发展规律，自觉加强职业道德修养，以提高职业素养和职业竞争力。

（一）职业道德的萌芽期

在原始社会后期，由于生产和交换的发展，出现了农业、手工业、畜牧业等职业分工，职业道德开始萌芽。

（二）职业道德的形成期

进入奴隶社会以后，出现了商业、政治、军事、教育、医疗等职业。在一定社会的经济关系基础上，这些特定的职业不仅要求人们具备特定的知识和技能，而且要求人们具备特定的道德观念、情感和品质。从业者为了维护职业利益和信誉，适应社会的需要，从而在职业实践中根据一般社会道德的基本要求，逐渐形成了职业道德规范。

（三）职业道德的初步发展期

在封建社会，自给自足的自然经济和封建等级制度不仅限制了职业交往，而且阻碍了职业道德的发展，只是在某些工业、商业的行会条规及从事医疗、教育、政治、军事等行业的著名人物的言行和著作中包含职业道德的内容。在这一时期，出现过具有高超技艺和高尚品德的人物，他们的职业道德行为和品质受到广大群众的称颂，后来逐渐形成优良的职业道德传统。

综上所述，职业道德从原始社会末期开始萌芽，在奴隶社会逐步形成独立的形态，在封建社会随着自然经济的发展而发展。但总体而言，在社会分工不发达的农业社会，职业道德大都处于自发状态，虽然有些行会、行业和个人也制定了一定的行规或守则，但职业道德仍处于散乱状态或较低层次。

（四）职业道德的快速发展期

资本主义商品经济的发展，促进了社会分工的扩大，职业和行业日益增多、复杂。各种职业集团，为了增强竞争能力，纷纷提倡职业道德，以提高职业信誉。许多国家和地区成立了职业协会，制定协会章程，规定职业宗旨和职业道德规范，从而促进了职业道德的普及和发展。第二次世界大战以后，市场竞争空前激烈，职业道德进一步成为行业、企事业单位加强决策指导、完善内部管理、协调外部关系和塑造自身形象的重要内容和手段。但是，由于资产阶级的利己主义和金钱至上的观念，职业道德的作用在资本主义社会中受到很大局限。

（五）职业道德的丰富和完善期

社会主义职业道德是人类历史上崭新的职业道德，是适应社会主义物质文明和精神文明建设的需要，继承了历史上优秀的职业道德。新中国成立以后，随着社会主义各项事业的发展和改革开放的逐步深入，各行各业逐渐形成或初步形成以为人民服务为核心、以集体主义为原则、以社会主义核心价值观为指引、以"爱岗敬业、诚实守信、办事公道、热情服务、奉献社会"为基本规范的社会主义职业道德。

《新时代公民道德建设实施纲要》强调要加强职业道德建设，培养"好建设者"。新时代社会主义职业道德不仅为新的历史条件下加强社会主义道德建设提供了科学的指导思想，也为职业人员道德水平的提高、社会不良风气的改变、社会的发展稳定起到积极作用。

三、职业道德的意义

（一）职业道德与个人发展

1. 良好的职业道德有利于增强个人的职业竞争力

面对激烈的职业竞争，每一个从业者必须牢固树立职业道德是立身之本的思想，充分认识提高职业道德水平是自己最重要的职业保障，具备职业危机感，不断学习新的科学技术，不断提升自身的职业技能，增强自身的职业竞争力。

2. 良好的职业道德有利于实现个人的职业理想

一个人只有将人生理想定位在为社会贡献力量的方向上，才能拥有豁达的情怀和良好的心态，才有可能在为社会做出贡献的过程中实现自我价值。一个从业者如果仅仅把职业道德看成是对自己的约束，那么遵守职业道德就是一件让人痛苦的事；相反，一个从业者如果能够认识到遵守职业道德不是自我牺牲，而是自我实现，那么遵守职业道德就是对美好境界的一种追求。

3. 良好的职业道德有利于完善人格，促进人的全面发展

职业岗位是培养人格的最好场所，也是表现人格的最佳场所。在职业生活中所形成的良好修养和优秀品德是引导一个人走向幸福的必经之路。职业生活中的自私、狭隘、嫉妒、恶毒、推诿、懒惰、浮躁、马虎、怯懦、虚伪、固执、傲慢、贪婪等品质，不仅让人一事无成，甚至还会让人走上违法犯罪的道路，而无私、仁厚、宽容、大度、认真、担当、勇敢、无畏、忠诚、勤奋、进取、坚定等优秀品质，是推动人们成长、成才和事业发展的重要精神保障。

（二）职业道德与企业发展

1. 职业道德是企业文化建设的重要组成部分

职业道德作为一种特殊的文化现象，在企业文化中具有十分重要的地位，具体体现在以下几方面：①企业物质文化环境需要员工来维护；②规章制度需要员工遵守；③企业的发展战略目标实现依靠的主体是员工；④企业作风和企业礼仪是员工职业道德的重要表现；⑤职业道德对员工提高科学文化素质和技术技能具有推动作用；⑥企业形象是企业文化的综合表现，员工若没有较高的职业道德水平，就不能保证产品和服务的质量，也会直接破坏企业形象。

2. 职业道德是增强企业凝聚力的重要手段

加强世界观、人生观、价值观的教育，帮助员工树立正确的职业理想，培养良好的职业道德，可以大大提升企业管理水平，真正实现增强企业凝聚力的目标。良好的职业道德能够使员工迸发出工匠精神、奉献精神，激发主人翁责任感，增强企业凝聚力，

培养团队精神。

3. 职业道德是提高企业竞争力的重要因素

企业员工职业道德虽然不直接参与市场竞争,但具有良好职业道德的员工共同创造出来的优质产品、周到的服务、可靠的信誉和企业的形象,则是企业的核心竞争力,是企业在市场竞争中立于不败之地的保证。例如,国内外的著名企业都非常重视职业道德建设,将其作为企业文化的重要组成部分,有利于树立良好的企业形象,创造企业著名品牌。

(三)职业道德与社会发展

1. 有利于规范各行各业的行为,促进生产力的发展

人的精神状态、人的职业道德水平的高低,对生产力水平的提高是至关重要的。从业人员具有较高的职业道德水准,能够充分发挥主观能动性和创造性,从而大大提高劳动生产率,促进经济的发展。

2. 有利于提高公民的道德素质,促进社会道德风貌的好转

职业活动是个人一生中的主要生活内容,人生价值、人的创造力及对社会的贡献是通过职业活动来实现的。人的品德、精神境界也是通过职业活动体现出来的。高尚的道德情感可以以一种示范姿态,通过人与人的关系,传递给自己的职业对象,从而使自己的职业对象感到心情舒畅愉快,并把这种情感体验化为自己的行为,再传递给其他职业工作者。如此往复,在全社会形成良好氛围,全社会的道德风貌必然会有一个较大的提高,中华民族的文明素养也将得以极大提升。

第二节 │ 新时代的职业道德建设

中国特色社会主义新时代的到来标志着我国的发展进入新的历史时期,我国对公民道德建设给予前所未有的关注。

一、新时代职业道德建设的指导思想

《中共中央关于加强社会主义精神文明建设若干重要问题的决议》指出："社会主义道德建设要以为人民服务为核心，以集体主义为原则，开展社会公德、职业道德、家庭美德教育。"进入新时代，我们党将道德治理纳入国家治理体系和治理能力现代化的范畴之中，将社会主义核心价值观作为公民道德建设的价值引领。

（一）核心思想：为人民服务

为人民服务是中国共产党的宗旨。为人民服务是一切向人民负责，一切从人民利益出发的思想观点和行为准则。为人民服务是职业道德的灵魂。为人民服务作为职业道德建设的核心，是社会主义职业道德区别和优越于其他社会形态职业道德的显著标志。它体现了社会主义"我为人人，人人为我"的人际关系的本质。从事各种职业的人们，都只有分工的不同，并无高低贵贱之分。每一个人不论从事什么职业，所做的一切都是为人民服务的，其共同点都是关心人民、爱护人民、帮助人民。为人民服务的道德要求在职业生活中的具体化，是把为人民服务的精神贯穿于职业生活。"爱岗敬业"是为人民服务精神的具体体现；"诚实守信"是为人民服务思想的前提；"办事公道"是为人民服务必不可少的要求；"热情服务"是为人民服务精神在职业生活中的具体表现；"奉献社会"是为人民服务实践的归宿。

（二）基本原则：集体主义

集体主义是一种先公后私、公私兼顾的思想，是坚持集体利益高于个人利益、兼顾集体利益与个人利益的价值观念和行为准则。集体主义反映了广大劳动人民的根本利益。集体主义是正确处理个人利益、集体利益、国家利益关系的基本原则。集体主义职业道德原则是区别于其他社会形态道德的本质特征之一，社会主义职业道德以集体主义为原则，以人民利益为最高利益。青年心中要有个人"小我"和社会"大我"，在满足"小我"的基础上追求"大我"，始终把两者更好地统一到社会生活过程中，结合到公民道德实践过程中，铸牢中华民族集体主义原则。

（三）价值指引：社会主义核心价值观

党的十八大首次提出"富强、民主、文明、和谐，自由、平等、公正、法治，爱国、敬业、诚信、友善"的社会主义核心价值观。社会的稳定发展离不开主流价值的引领，公民道德建设同样离不开主流价值的指引，新时代大学生职业道德建设要坚持以社会主义核心价值观为引领，坚定发展方向，形成正确的价值判断与价值取向，更好地构筑中国力量、中国精神、中国效率，为人民提供正确的精神指引。

二、新时代职业道德建设的基本规范

社会上有多少种职业，就会有多少种职业道德，这是由职业的不同性质、不同责任和不同要求决定的。但是，一定社会的共同理想、共同价值观念，对所有职业有着共同的要求，决定着职业道德的共性。《新时代公民道德建设实施纲要》，将职业道德与社会公德、家庭美德、个人品德建设作为公民道德建设的着力点，推动践行以爱岗敬业、诚实守信、办事公道、热情服务、奉献社会为主要内容的职业道德，鼓励人们在工作中做一个好建设者。职业道德建设大体上可从职业态度、职业操守、职业本质三个层面来划分，即职业态度层面包括爱岗敬业、诚实守信两个方面内容；职业操守层面包括办事公道、热情服务两个方面内容；职业本质层面即奉献社会。职业态度、职业操守、职业本质三个层面不是截然分离的，而是承上启下、相互融会贯通的统一体。

（一）爱岗敬业

爱岗敬业作为最基本的职业道德规范，是对人们工作态度的一种普遍要求。爱岗就是热爱自己的工作岗位，热爱本职工作。敬业就是要用一种恭敬严肃的态度对待自己的工作。爱岗是敬业的前提，只有爱岗，才能敬业，敬业是爱岗的具体表现，没有敬业，爱岗就是空谈。职业态度决定职业行动，只有热爱工作岗位，才能产生工作激情；只有兢兢业业，才能完成好本职工作。爱岗敬业是从业人员事业成功的必备条件，即使遇到挫折和困难，从业人员也会以高度负责的态度，为工作而全身心地投入。社会上的职业千差万别，但没有高低贵贱之分，只要有利于人民，有利于社会，就要树立爱岗敬业的信念，热爱自己的岗位，敬重自己的职业，做到干一行、爱一行、专一行。

（二）诚实守信

诚实守信是为人处世的重要品质，也是社会道德和职业道德的一个基本规范。诚实就是真心实意、实事求是，忠实于事物的原貌；守信就是重信誉、讲信用，信守承诺。诚实是守信的基础，守信是诚实的表现。市场经济是诚信经济，真实无欺、言而有信是企业树立良好形象、立足市场的基本条件。对员工来说，诚实守信关系到能否在企事业中立足，能否与同事合作，能否成就自己、成就事业。从业人员应该培养说实话、办实事、不说谎、不欺诈、守信用、表里如一、言行一致的优良品质。诚实守信要做到既有高质量的产品，又有高质量的服务，还要严格遵纪守法。只有这样，才能获得良好的社会效益和经济效益。

（三）办事公道

办事公道是指从业人员在办事时要公正、客观、不徇私情，按照同一标准和同一原则处理问题，这是职业道德的一项基本准则。在社会主义市场经济条件下，每一个经济主体在法律上都是平等的，人的尊严和权益也是平等的。人与人之间应该互相尊重、彼此关爱、平等相处。对从业人员来说，在职业活动中要做到公开、公平、公正、讲原则，秉公办事。不仅要在上下级之间、同事之间，而且在与客户之间，都要坚持这一道德准则，既不唯上、不唯权，也不唯情、不唯利。

（四）热情服务

热情服务就是全心全意为人民服务，尽心尽力干好工作，是职业道德操与守的统一。热情服务既包含从业者对服务对象的感情、态度，即职业品德之"操"；又包含从业者履行职务、致力去干好事情的道德要求，即道德行为之"守"。热情服务的核心要求是"务"，就是要致力于做好本职工作。能否全力以赴，尽力做好本职工作，其前提条件是要"尽心"，"尽心"就是全心全意。干任何事情只有"尽心"，才会"尽力"。从业人员不论从事何种职业，无论从事何种性质的工作，都应该具备崇高的职业责任感，始终树立服务群众的理念。将群众的利益得失作为职业活动的根本和标准，立足本职岗位，在服务过程中要做到热心、耐心、虚心、真心，以最大努力来造福群众。

（五）奉献社会

奉献社会就是不以获得报酬为最终目的，自愿为他人、为社会付出劳动、积极自觉地为社会做贡献的行为。奉献社会是职业道德中的最高境界，这是社会主义职业道德的本质特征。奉献社会是由职业的本质决定的，职业的本质是承担本行业特定的社会责任、满足人民对美好生活向往的迫切需要。对企业来说，奉献意味着承担社会责任。对从业人员来说，在职业活动中，不是仅仅为了工资，为了名利，而是为了实现职业理想，为了事业成功。奉献社会并不意味着不要个人的正当利益，不要个人的幸福。恰恰相反，一个自觉奉献社会的人，他才真正找到了个人幸福的支撑点。奉献社会和个人利益是辩证统一的。奉献社会既是从业人员实现人生价值的必由之路，也是从业人员为社会做贡献、为人民服务精神的最高体现。从业人员奉献社会的道德境界越高，其人生出彩的机遇就越多，体现社会价值的层次就越高。要像雷锋那样正确处理奉献和索取的关系，正确处理国家、社会和个人的关系。在社会这个有机整体中，每个人既要接受别人的服务，也要为他人服务。在新时代，我们更要增强做好本职工作的社会责任感，努力为形成"我为人人，人人为我"的良好社会道德风尚做出贡献。

职业道德的五个要求，共同体现在职业道德系统内，相互联系、相互影响、相互制约。没有爱岗敬业、诚实守信，就不可能干好工作，当然也就做不到办事公道、热情服务，奉献社会更是无从谈起。在职业道德的五个要求中，既有基础性的要求，也有较高的要求。它们共同发挥着作用，缺一不可，是所有从业人员应当共同遵循的职业道德。

拓展阅读 7-1

"最美司机"吴斌：用生命履行职责

吴斌，杭州长运集团客运二公司快客大巴司机。在行车途中遭遇铁块突然砸中身体的巨大伤痛，在危急关头他强忍剧痛安全停车，保障了车上24名乘客的安全。最终吴斌因伤势过重，抢救无效离世，享年48岁，被人们称为"最美司机"。

76秒视频记录普通司机生命的真善美

5月29日中午11时10分，吴斌驾驶大型客车从无锡返回杭州，车上载有24名乘客。11时40分左右，突然一个铁块从对向车道迎面飞来，击碎客车前挡风玻璃后，砸向吴斌的腹部和手臂，导致他肝脏破裂、肋骨多处骨折，肺、肠严重挫伤。

吴斌本能地用右手捂了一下腹部，看上去很痛苦，但他没有紧急刹车或猛打方向盘，而是紧紧握住方向盘，缓缓踩下刹车，稳稳地停下车，拉好手刹，打起双闪灯，以一名职业驾驶员的高度敬业精神，完成了一系列完整的安全停车措施。最后，他回头还对受到惊吓的乘客说："别乱跑，注意安全。"

在生命的最后时刻，他用顽强的意志和崇高的职业精神，保住了车上24名乘客的生命安全。

平凡的一生做了不平凡的事

吴斌在身受致命伤的情况下，能有这样的英勇行为，与他良好的品德修养和职业素养是密不可分的。客运是承载生命的事业，吴斌虽然是一名普通驾驶员，但他始终认为，把每天平凡的工作做好，就是不平凡。

一个人在面临死亡时的选择，是本性的表露，吴斌在危急关头所表现出的果敢、坚强、道义，是长期养成的习惯与品质的爆发，是人的素养与真心在刹那间的闪现。这一切，都可以理解为吴斌对自己所从事的职业的热爱和担当。日积月累的职业意识，化为瞬间的应急反应。多年平凡的坚持，最终成就了一分钟的伟大。英雄的出现，绝对不是偶然。

（资料来源：作者根据相关资料整理改编而成。）

三、新时代职业道德建设的途径和方法

（一）在专业学习中领悟

1. 专业是职业道德的载体

专业，是指高等院校、中等专科学校及各类职业学校根据社会专业分工的需要而分成的学业门类。随着科技的发展，社会需求不断地拓展，专业方向和数量也在不断变化。虽然专业及职业门类很多，但须遵循一些共同的职业道德规范，具备了这些道德品质和精神，可以将专业转化为职业，将职业提升为事业，将事业转化为成就。由于职业特点不同，从业人员还应具备特定领域的职业道德，如会计、律师、教师、医生等，其道德规范和原则又有各自的侧重方面和具体要求。为此，一些成熟的行业制定了相应的行业道德规范，如律师职业道德规范、教师职业道德规范、医生职业道德规范等。

职业及其活动是职业道德的载体，即不论从事什么职业，都应在掌握职业道德规范的同时，认识特定职业门类的规范和规则。如果某一个人从事的职业发生了变化，就应学习和了解新的规则，这样才能做好新的工作，如从生产岗位转移到管理岗位、从生产岗位转移到销售岗位，都伴随着新的职业道德要求。总之，职业道德依托于职业，职业的分化拓展丰富着职业道德的内涵。

2. 专业学习中蕴含着职业道德

传统的职业都是建立在长期实践基础上的经验技能的应用，大多是以长辈、师傅带徒弟的方式进行传承和发展的。技艺精湛、道德高尚、社会责任心强的师傅，在传授技术时，不仅要考察徒弟的能力、灵性，还要考察徒弟的为人、德行，权衡所选徒弟是否

能将自己的技术传承下去，造福于人民并发扬光大。这说明职业道德与职业活动是一体的，不可分割的。

在现代的各类专业教育中，教师不仅要业务精湛，而且要熟知自己专业及行业中的一些道德问题。我国教师十分注重做人、做事及在做学问过程中以身作则。孔子认为"子帅以正，孰敢不正"，他强调师长做出表率和榜样，别人才会效仿学习，要想学生"亲其师，信其道"，教师首先自己必须做出示范，言传身教、身行一例、胜似千言。他们不仅能很好地传授专业知识，也会将一些道德问题融入专业教学中。教师的职业道德是教师的核心职业素养，加强高校师范生教师职业道德的养成教育是培育社会主义核心价值观的必然要求，是培养新时代优秀人民教师的关键所在。教育家叶圣陶认为："教育工作者的全部工作就是为人师表。"[①]教师要以身作则、率先垂范，以高尚的人格魅力赢得学生敬仰，以模范的言行举止为学生树立榜样，把真善美的种子不断播撒到学生心中。要充分结合新时代我国高校学生的思想特征、心理特点及学习和成长环境的特殊性，用伟大中国梦、教育强国梦引领学生的青春梦与教师梦，为学生成长成才、职业素质提升成功导航。因此，作为学生，在学习专业知识的同时，也应关注特定领域中的道德问题，在专业理论、专业知识、专业技能提高的同时，使职业道德水平相应得到提高。

（二）在自我修养中升华

1. 职业道德认识修养

认识是兴趣、情感的基础，是思想和行为的先导，也是职业发展及职业道德持续发展的条件。无知者无畏，具有很大的盲目性；知耻而后勇，则体现着一种理性精神、一种自信。从业人员只有对职业道德规范、原则及具体要求有系统的了解，对在实践中遵守和维护职业道德规范的重要性有深刻的认识，才能自觉地加强职业道德修养。

现实生活中一些失德和违法现象，有的是别有用心、明知故犯、以身试法者造成的，有的是不知者造成的，他们在受到道德或法律审判时，确有悔恨之心。具备职业道德知识和认识能力：①可以进行道德评判，对自己和他人职业领域出现的道德是非问题进行正确的判断，以此进一步增强自己的道德修养；②有利于进行道德选择，即在个人利益与集体利益、近期利益与长远利益矛盾的情况下，能够做出合理的选择并指导自己的实践。

---

① 叶圣陶，2007. 叶圣陶教育名篇[M]. 北京：教育科学出版社.

2. 职业道德情感修养

职业情感是指人们对自己所从事的职业所具有的稳定的态度和体验。有强烈职业情感的人，能够从内心产生一种对自己所从事职业的需求意识和深刻理解，因而无限热爱自己的职业和岗位。职业道德情感是指从业人员在职业活动中对事物进行善恶判断所引起的情绪体验。高尚的职业道德情感促使从业人员对善的职业行为认同和学习，对不道德的职业行为则厌恶、憎恨，努力避免；不良的职业道德情感则让从业人员在职业活动中是非不分、善恶不明、美丑不辨，导致错误职业行为的发生。加强职业道德修养，强化职业道德情感，离不开中华民族优良道德传统的继承和弘扬。中华民族在历史发展中形成了源远流长的优良道德传统。这些优良道德传统内涵丰富、博大精深，包括注重国家利益和集体利益，推崇"仁爱"原则，恪守诚信，讲求慎独、内省等，这些对于加强职业道德修养都是有所裨益的。

3. 职业道德意志修养

意志是人们为了达到既定的目的而自觉努力的心理状态。良好的意志品质可以激励一个人健康向上，引导自己实现个人理想和目标；反之，不科学的、偏执的、扭曲的意志品质会导致一个人走向歧途。职业道德意志是指从业人员在职业实践中能坚守职业道德的责任和义务，自觉地克服困难和障碍，努力去实现自己既定的目标。从业人员在职业活动中履行道德义务时，经常面临各种矛盾和冲突，这些都在考验从业人员的道德品质。因此，只有具备坚强的职业道德意志，才能处理好矛盾和冲突，作出正确的行为选择，否则很容易导致职业行为偏离正确的轨道。在科学技术迅速发展的今天，新的职业层出不穷，新旧道德标准交错，为正确的职业道德意志的选择、确立、辨识，以及对不良道德的批判和反对造成了一定的困难。有的领域虽然难以确定道德评判标准，但都应该以不会对人们的健康及社会发展造成危害为道德原则。因此，从业者需要在社会主义市场经济环境中历练自己的职业道德意志，加强自身的职业道德修养。

（三）在慎独内省中内化

为提高职业道德修养，从业人员应注意在独立工作或独处时要具有高度的职业良心，在任何时候都能严格按照职业道德要求做事。"慎"即谨慎、当心的意思；"独"即独处，一个人单独在一个场所中工作、生活。两者结合起来是指一个人在没有任何监督的情况下也不会做出违背道德的事情。"慎独"是我国伦理思想史上一个特有的范畴，出自《礼记·中庸》："道也者，不可须臾离也，可离非道也。是故君子戒慎乎其所不睹，恐惧乎其所不闻。莫见乎隐，莫显乎微，故君子慎其独也。"道德原则是一时一刻也不能离开的，必须时刻谨守；道德修养是一个长期坚持的过程，应该时时刻刻谨言慎行。所以，一个人若能在独立工作或独处、无人监督的时候，仍能坚持道德信念，自觉、严格地要求自己，按照道德规范约束自己的行为，不做任何不道德的事，那么就达到了一种崇高的精神境界，即"慎独"。由此可见，"慎独"既是道德修养的一种方法，又是一种崇高的精神境界。"慎独"不是出于勉强，也不是为了博得众人的好感或拥护，而是发自内心的要求，是自己坚定的道德信念在行动上的具体表现。

在创富欲望的驱使下，道德慎独面临严峻考验，有的人禁不起利益的诱惑，做一些违背职业道德的事情；有的人则能"独善其身"，能始终坚守道德原则。因此，要做到慎独，一方面，要学习和了解职业道德的基本规范及原则，为慎独奠定思想基础和行为准则；另一方面，要具备坚强的意志品质，不被不良风气所影响，具备抗干扰的能力。

另外，通过反省，可以检视、修正自己的行为偏差，使德行沿着正确的轨道前行。现代的从业人员，职业变数大，接触不同职业者多，只有不断地警醒自己，才能在纷杂的职业中始终坚持良好的职业道德。如果一个人具备了这种时刻检视自己的自省功夫，则其道德品质就能得到不断提高，即使外部存在各种诱惑，也不会动摇自己的道德信念。提倡"慎独"，就是要求积善成德，防微杜渐。积善成德就是要保持自己的善行，精心培养高尚的道德观念和品质，使其不断积累和壮大。防微杜渐就是要求从业人员对自己任何不符合职业道德的言行，都务必注意克服，将其消灭在萌芽状态。

（四）在实践中体验

如果说现实是此岸，理想是彼岸，中间隔着湍急的河流，那么行动就是架在河上的桥梁。大学生要真正树立良好的职业道德，需要在生活实践和职业实践中去体会、践行和升华。

1. 见贤思齐：向职业道德榜样学习

精神的力量是无穷的，道德的力量也是无穷的。伟大时代呼唤伟大精神，崇高事业需要榜样引领。我们要坚持以习近平新时代中国特色社会主义思想为指导，用榜样的力量激励人们崇德向善、见贤思齐，营造崇尚学习、关爱道德模范的浓厚氛围，把道德模范的榜样力量转化为亿万群众的生动实践。从"守岛英雄"王继才到"给地球做 CT"的科学家黄大年，从"太行山上的新愚公"李保国到破荒开路的"樵夫"廖俊波，无数楷模树起精神标杆，引领全社会把社会主义核心价值观内化为人们的精神追求、外化为人们的自觉行动。

2. 小处着手：做好每件职业事

"不积跬步，无以至千里；不积小流，无以成江海。"任何事情都要从小处做起，从细微处着手。把每一件简单的事做好就是不简单，把每一件平凡的事做好就是不平凡。做好小事的前提就是认真，只有以一种认真的态度对待小事，才能把小事做得跟大事一样细致入微。无论现在身居何处，哪怕是一个不起眼的小岗位，只要坚持自己的理想，努力工作，认真做事，最终都会实现自己的理想。如果心浮气躁，小事做不好，大事做不了，那么最终会成为一个只会纸上谈兵、夸夸其谈，没有任何实干能力的空谈者。不要因为自己的工作卑微就马虎对待，只要能做到精益求精，就是伟大。于细微之处见精神，一个人对待小事的态度反映了他的基本品质和能力，如果不能认真地对待小事，在大事上也不一定能做到专注一心。因此，只有在小事上培养专心致志的做事态度和品质，才能在职业道路上始终保持这种做事习惯。

3. 身体力行：在职业实践中养成

在我们生活的世界中，没有人具备与生俱来的谋生技能和高尚的道德修养，所有优秀的职业技能和高尚的职业道德都是在学习和工作中不断积累起来的。若要提升自身的职业道德修养，就应该在职业实践中身体力行职业规范，具体如下。一是将在校学到的职业道德规范和原则创造性地应用于职业活动中。在从业中，一个人不是一辈子只从事某一个岗位，但不论岗位如何变化，都应体现出职业道德精神。二是在职业实践中纠正、调整、完善特定职业发展中所需的道德规范和原则。有些传统行业长期以来未形成系统的职业道德规范，有些旧的道德规范不适应新的发展需要，这些都需要在实践中加以调整和完善。三是在职业实践中创造新的规范和原则。随着科技的发展，新兴产业或行业层出不穷，但相应的道德规范相对滞后，应在自觉遵守总体职业道德规范的同时，适时地总结、提炼新职业领域中的道德原则，以便形成行业规范并指导实践。从业人员只有牢牢立足于自己的工作岗位，才能成为某一行业的行家里手，而脱离本职工作、好高骛远，则是缺乏良好职业道德品质的表现。

（五）以理想信念铸魂

有一种力量，会贯穿我们的一生，使我们的生命散发出独特的光芒。这种力量，就是信念的力量。"两弹一星"功臣邓稼先在新中国成立后，毅然回到祖国，加入了中国共产党，以共产主义远大理想来指引自己服务人民、报效祖国的人生道路。为研制原子弹和氢弹，邓稼先远离家人、隐姓埋名，长达28年。我国著名数学家华罗庚，从小家境贫寒，他只上过初中，但却靠着坚定不移的信念和锲而不舍的精神，成为"中国现代数学之父"。进入新时代，我们的道德建设仍要在马克思主义理论的指导下，继续坚定不移地沿着中国特色社会主义道路向前推进。在强调为社会主义而奋斗的时候，要强调立足本职、胸怀全国、放眼世界、放眼未来。只有这样，才能脚踏实地，从我做起、从现实做起、从每一件具体的事做起，才能把崇高的理想、远大的目标，化为具体的实践，和当前时代结合起来，将个人梦想融入中国特色社会主义现代化强国建设及中华民族伟大复兴的伟大事业之中，在社会国家理想的实现中体现个人价值、实现青春梦想。

职业生活中遇到困难在所难免，受到挫折也很正常。但只要我们全力以赴，真抓实干，坚持崇高的理想信念，化被动为主动，用务实的作风，踏实的工作，报效祖国和人民，必然会有收获。信念是一种精神力量，它激发我们潜在的能力，使我们在遇到黑暗时不停止摸索，遇到失败时不放弃奋斗，遇到挫折时不忘却追求，最终实现理想和目标。

深入思考

1. 新时代大学生应该培养什么样的职业道德规范？
2. 结合所学专业的特点，思考如何提高自身的职业道德水平。

推荐阅读

1. 习近平，2018. 在北京大学师生座谈会上的讲话[M]. 北京：人民出版社.

2. 中共中央宣传部宣传教育局，2019.《新时代公民道德建设实施纲要》学习读本[M]. 北京：人民出版社.

3. 王东虓，袁雅莎，梁皓，2020. 新时代职业道德建设读本[M]. 北京：中国言实出版社.

4. 陈洪源，陈焕红，2021. 从职业道德角度看工匠精神践行[EB/OL].（2021-08-25）[2023-09-20]. http://www.jyb.cn/rmtzgjyb/202108/t20210825_615137.html.

5. 字强，2020. 新华时评：师者桂梅，立德圆梦[EB/OL].（2020-12-10）[2023-09-20]. http://www.xinhuanet.com/politics/2020-12/10/c_1126846471.htm.

6. 袁隆平，2019. 我的两个梦[N]. 人民日报，2019-10-23（20）.

第八章
劳模精神

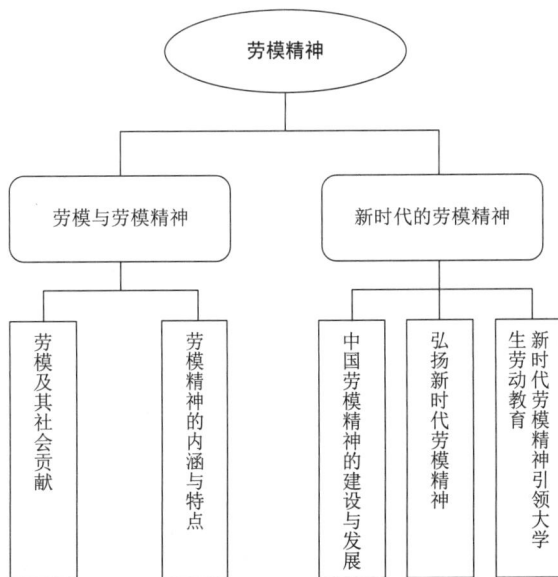

学习目标

1. 能够阐述劳模精神的时代价值与内涵。
2. 能够领会新时代劳模精神实质，自觉涵养职业道德，提高思想政治修养。

本章导读

劳模精神
├── 劳模与劳模精神
│   ├── 劳模及其社会贡献
│   └── 劳模精神的内涵与特点
└── 新时代的劳模精神
    ├── 中国劳模精神的建设与发展
    ├── 弘扬新时代劳模精神
    └── 新时代劳模精神引领大学生劳动教育

⊙问题导入⊙

劳模精神的时代价值

随着社会环境的变化，一些人对劳动模范的价值引领作用产生怀疑，在追求个人财富的道路上，劳模精神真的过时了吗？

有人说，劳动是生存的本能，没有劳动模范的引领，人们为了填饱肚子也会去工作。还有人说，劳动最基本的功能就是创造价值。其中，创造个人财富是首要的。这些说法把劳动所创造的社会财富或者说社会价值置于何地？

新中国成立后，我国涌现出一大批劳动模范，如"铁人"王进喜、"电机华佗"宋学文、"杂交水稻之父"袁隆平，他们是人人学习的榜样。他们发挥的引领作用，是带动时代发展的巨大引擎。

（资料来源：作者根据相关资料整理改编而成。）

思考：

1. 新时代劳模的社会价值是什么？
2. 大学生应从劳模精神中学习什么？

劳模是优秀劳动者的代表，他们的先进事迹和优秀品质，赢得了社会的尊重和赞誉。他们以自己的实际行动铸就了经久不衰的劳模精神，成为激励我们奋勇前进的重要精神动力，对新时代中国特色社会主义建设具有重要意义。本章介绍劳模的社会贡献及不同时期劳模评选标准等内容，分析劳模精神的时代价值和具体内涵，阐明在大学生群体中弘扬新时代劳模精神的路径。

第一节 ▏劳模与劳模精神

2018年4月，习近平总书记在给中国劳动关系学院劳模本科班学员的回信中强调："劳动最光荣、劳动最崇高、劳动最伟大、劳动最美丽。全社会都应该尊敬劳动模范、弘扬劳模精神，让诚实劳动、勤勉工作蔚然成风。"

一、劳模及其社会贡献

（一）劳模的内涵

劳模，即劳动模范。"劳模"一词的使用，有两种含义：一种是成绩卓著的劳动者，经民主评选，有关部门审核和政府审批后被授予的荣誉称号；另一种是在不同历史阶段，为调动和激发劳动者的先进性、创造性、主动性，发现并开展树先进典型活动而造就的优秀人物。总的来说，"劳模"是对生产建设中先进人物的一种荣誉称号，以表彰劳动中有显著成绩或重大贡献，可以作为榜样的人。"劳"，表示劳动，这是劳模的基本前提；"模"，体现了一种"示范"和"楷模"的价值导向。劳模是社会生产和社会实践主体劳动者中的先进分子和标兵榜样，具有强烈的社会属性和历史性。我们所说的劳模，是指在我们党团结带领各族人民进行革命、建设、改革的各个历史时期，基于"劳动最伟大""劳动最光荣"的理念，在社会主义劳动中产生的领先者和佼佼者。他们的辛勤劳动展现了中国劳动者的时代风采，为祖国发展和人民幸福做出突出贡献，得到了社会的最高评价和尊重。

劳动模范分为全国劳动模范、省部委级劳动模范、市级劳动模范、县级劳动模范和企业劳动模范等。"全国五一劳动奖章"和"全国五一劳动奖状"是中华全国总工会为表彰在技术创新、管理创新和体制创新中取得显著成绩，为经济建设和社会发展做出突出贡献的先进个人和集体而设置的奖项。

拓展阅读 8-1

苏区妇女劳动模范评选

1934 年春，苏维埃政府在瑞金叶坪召开了苏区妇女劳动模范代表大会。毛主席为了掌握第一手材料亲自参加了现场会，他想看看妇女学犁田、耙田到底行不行，有什么困难。毛主席对大家说："封建社会有种迷信说法，说妇女犁田会遭雷公打。现在时代不同了，男女平等，男同志能做到的事情，你们女同志也可以做到，今天你们不是也做到了吗……"毛主席讲完话，又亲自给学犁田、耙田的妇女劳动模范颁发了奖状和奖品。

值得注意的是，竹笠上印的"劳动模范妇女"这几个大字，这是中国首次使用"劳动模范"这一称谓来称呼在生产建设中成绩卓越的劳动者，这一名词的出现在中国劳模史上有重要意义。

（资料来源：作者根据相关资料整理改编而成。）

（二）劳模的社会贡献

在国家建设与发展中，劳模及其群体是巩固国家政权的社会支柱、党和政府联系人民群众的桥梁与纽带。劳模用聪明才智和奉献精神为国家经济建设默默无闻地做贡献，用创造性劳动推动着社会进步，以崇高思想和先进事迹为全国人民树立学习的榜样。

2014 年 4 月，习近平总书记在乌鲁木齐接见劳动模范和先进工作者、先进人物代表时指出："一代又一代的劳动模范和先进工作者、先进人物，是我国劳动人民的杰出代表，是祖国和人民的骄傲。你们大家以强烈的主人翁责任感，立足本职，争创一流，集中体现了伟大的时代精神、创业精神、奉献精神，为国家和民族增添了绚丽光彩。"

2015 年 4 月，习近平总书记在庆祝"五一"国际劳动节暨表彰全国劳动模范和先进工作者大会上讲道："中国特色社会主义事业大厦是靠一砖一瓦砌成的，人民的幸福是靠一点一滴创造得来的。劳动模范和先进工作者是坚持中国道路、弘扬中国精神、凝聚中国力量的楷模，他们以高度的主人翁责任感、卓越的劳动创造、忘我的拼搏奉献，为全国各族人民树立了学习的榜样。"

2020 年 11 月，习近平总书记在全国劳动模范和先进工作者表彰大会上发表的重要讲话中强调："劳动模范是民族的精英、人民的楷模，是共和国的功臣。我国是人民当家作主的社会主义国家，党和国家始终坚持全心全意依靠工人阶级方针，始终高度重视工人阶级和广大劳动群众在党和国家事业发展中的重要地位，始终高度重视发挥劳动模范和先进工作者的重要作用。"

这些重要论述充分体现出中共中央对劳动模范社会贡献的高度认可，对劳动模范的殷殷关怀。

拓展阅读 8-2

蒋筑英：从未停下"追光"的脚步

1965 年，蒋筑英和他的研究小组建立了我国第一台光学传递函数测量装置，建成了国内第一流的光学检测实验室。

他的一生，从未停下"追光"的脚步。他的精神不断激励着新时代科技工作者成长、进步，为建设世界科技强国而努力奋斗。蒋筑英生前的光学传递函数学科成果已广泛运用于航空航天、地面测控等各类光电成像设备的评价中。

光，耀眼璀璨；而"追光的人"却站在光芒之外，甘于平凡。蒋筑英在科学研究中勇于探索、刻苦钻研、任劳任怨，但在利益面前却总是最后想到自己。他说："我就是一块铺路石，我愿意别人踩着我顺利走好人生之路。"所里盖了个小楼，要分给蒋筑英一套，但他三番五次推辞，说还有比他更困难的同志；几次提职和涨工资，他都主动打报告说要往后排；和别人共同研究取得科研成果后，他让一起合作的同志去出席学术报告会⋯⋯

生命之树常绿，是因为理想的甘泉不竭。"一个人的生命是短促的，但党的事业是永存的。"蒋筑英写在入党志愿书中的话，正是他毕生的追求。1982年6月，蒋筑英到外地工作，由于过度劳累，病情恶化，不幸逝世于成都，年仅43岁，后被中共吉林省委追认为中国共产党党员，被国务院追授为全国劳动模范。

（资料来源：作者根据相关资料整理改编而成。）

二、劳模精神的内涵与特点

劳模之所以光荣而伟大，不仅在于他们在劳动中创造了物质财富，做出了不平凡的贡献，更在于他们的思想行为、先进事迹体现着一种崇高精神，即劳模精神。这种精神是劳模意识的最高形式，是劳模意识的精华，是劳模世界观、人生观、价值观的集中体现，渗透在劳模追求的理想信念、确立的共同价值观、形成的共同思维方式和共同品格等方面。在我国革命、建设、改革各个历史时期涌现出来的劳动模范人物的先进事迹、优秀品质，特别是在艰苦创业中孕育而成的伟大劳模精神，教育并激励着一代又一代社会主义建设者。

（一）劳模精神的内涵

2020年11月，习近平总书记在全国劳动模范和先进工作者表彰大会上的讲话中指出，要大力弘扬"爱岗敬业、争创一流，艰苦奋斗、勇于创新，淡泊名利、甘于奉献"的劳模精神。爱岗敬业是本分，争创一流是追求，艰苦奋斗是作风，勇于创新是使命，淡泊名利是境界，甘于奉献是修为。24字劳模精神是引领各行各业劳动人民共同奋斗的精神指引，为我们科学理解和大力弘扬劳模精神提供了正确方向和指导。

1. 爱岗敬业、争创一流

"爱岗敬业、争创一流"是劳模的奋斗目标，是劳模精神的本质特征。

爱岗敬业中的"爱"和"敬"是劳动者的一种本分。爱岗，就是热爱自己的工作岗位。敬业，就是以高度负责的态度对待自己的工作，忠于职守，把职业当事业。爱岗和敬业互为前提，爱岗是敬业的基石，敬业是爱岗的升华。从一定意义上来讲，不是一个人成就了岗位和职业，而是岗位和职业成就了一个人。

争创一流是一种积极奋发的精神风貌，是一种凝心聚力的目标追求，它可以内化为每个人的工作动力之源。劳模积极参加技术革新、技术协作、发明创造活动，充分焕发创新潜能和创造活力，创造一流的工艺、一流的质量、一流的管理、一流的服务，推动我国社会生产力水平不断跃升。

2. 艰苦奋斗、勇于创新

"艰苦奋斗、勇于创新"是劳模的精神风貌和品质体现。

艰苦奋斗是我们党的优良传统，也是劳动者的一种精神追求、工作作风和生活态度。2020年6月，习近平总书记在宁夏考察时强调："社会主义是干出来的，幸福是奋斗出来的。有党和政府持续努力，有各族群众不懈奋斗，今后的生活一定会更好更幸福。"

勇于创新才会使人有旺盛的职业生命力。生命的本质就是"创新"。创新不仅是生命体的使命，是每一位劳动者的使命，更是每一位劳模的使命。劳动者需要始终保持昂扬向上、奋发进取的精神状态。

3. 淡泊名利、甘于奉献

"淡泊名利、甘于奉献"是劳模精神中凝结的核心价值和内在动力。

从境界上来讲，淡泊名利会让一个人不为名利所累，心无旁骛地追求做事的最高境界。劳模用高尚的理想和情操充实着自己的精神世界，在平凡的工作岗位上默默耕耘，并能做到清心寡欲、淡泊名利、脚踏实地地实现人生理想和生命价值。

甘于奉献是指为了维护社会集体利益或他人利益，个人能够自觉舍弃自身利益的一种高尚品格，是中华民族世世代代自强不息的精髓。甘于奉献的人看重的不是自己能够得到多少价值，而是自己能够为社会创造多少价值。奉献是一种高尚的情操，是鼓舞和激励人们奋发向上的巨大力量。

拓展阅读 8-3

黄旭华：隐"功"埋名三十年

1994年，黄旭华当选为中国工程院院士。

"从一开始参与研制核潜艇，我就知道这将是一辈子的事业。"黄旭华说。

20 世纪 50 年代后期，中央决定组织力量自主研制核潜艇。黄旭华成为研制团队人员之一。在执行任务前，黄旭华于 1957 年元旦回到阔别已久的家乡。63 岁的母亲再三嘱咐道："工作稳定了，要常回家看看。"但是，此后 30 年他的家人都不知道他在做什么，父亲直到去世也未能再见他一面。

黄旭华长期从事核潜艇研制工作，开拓了中国核潜艇的研制领域，是中国第一代核动力潜艇研制创始人之一，被誉为"中国核潜艇之父"。他主持完成中国第一代核潜艇和导弹核潜艇研制，分别获 1985 年和 1996 年"国家科学技术进步奖"特等奖，1989 年被授予"全国先进工作者"荣誉称号，2014 年被评为"2013 感动中国十大人物"，2017 年获何梁何利基金科学与技术成就奖，被评为全国道德模范。

（资料来源：作者根据相关资料整理改编而成。）

（二）劳模精神的特点

劳模精神是劳模之所以成为劳模，而在平凡岗位上做出不平凡业绩所坚持、坚守、坚定的基本信念、价值追求、人生境界及其展现出的整体精神风貌。劳模精神具有以下三个特点。

1）劳模是创造和展现劳模精神的主体。劳模精神是以劳模为主体形成的精神风范和价值理念。弘扬劳模精神就是在广大劳动者群体中开展学劳模的活动，激发每一位劳动者的劳动热情和创造活力。

2）劳模精神揭示了劳模的成功秘诀。劳模精神揭示了劳模能把平凡的事做得不平凡、在平凡的岗位有不平凡的表现的思想根源和内在动力。

3）劳模精神体现了一种人生境界。劳模精神不仅反映了劳模群体的工作态度，更体现了劳模群体的人生信念。与其说他们是用工作实现个人价值，不如说是他们通过工作修炼自己的人格和充实自己的人生。

拓展阅读 8-4

吴吉林：用生命书写人生价值

中国石化胜利油田东辛采油厂三矿 34 队高级技师吴吉林，2014 年获评中宣部、中华全国总工会联合发布的"最美职工"，获"全国五一劳动奖章"，2015 年被授予"全国劳动模范"荣誉称号。2007 年，吴吉林被诊断为淋巴癌晚期。自确诊癌症后，他始终没有停止创新创造，累计研发创新成果55项，其中4项获国家发明专利，8项获国家实用新型专利。2019年3月，吴吉林因病在家中去世，按照吴吉林的遗嘱，山东省红十字会的医生小心地将他的眼角膜从遗体上取出。生前，他在日记本上写道："人怎样活也是一辈子，与其说让病魔吓倒，还不如振作起来做点有价值、有意义的事，活不出生命的长度，那就活出它的宽度和厚度。"

（资料来源：作者根据相关资料整理改编而成。）

第二节 ▍新时代的劳模精神

劳模精神作为一种社会意识形态，产生于中国革命和建设的伟大实践；劳模精神作为一种社会价值观，它是时代价值的缩影。伴随着社会主义建设事业的推进和马克思主义劳动理论在新中国的创新发展，劳模精神不断被注入符合时代精神的新元素，体现为由"团结苦干，无私奉献"，到"开拓创新，巧干实干""爱岗敬业、争创一流，艰苦奋斗、勇于创新，淡泊名利、甘于奉献"，再到"精益求精，创新创造"内涵的转变。

一、中国劳模精神的建设与发展

随着时代的进步，生产方式的变革势必引发价值观的变革，以对特定时代问题的回应为导引，劳模精神在新中国成立以来的不同时期表现出不同的时代内涵，体现出实践性、发展性、开放性特征。

（一）新中国成立初期（1950—1960年）：团结苦干，无私奉献

新中国成立初期，面对积贫积弱、百废待兴的局面，党和国家号召工人阶级和广大人民群众向为革命事业做出伟大贡献的先进模范学习，在新的历史条件下积极投身于经济建设之中。在这一背景下，1950年9月，全国战斗英雄代表会议和全国工农兵劳动模范代表会议评选了464名新中国第一批劳模人物，这一时期，我国分别于1950年、1956年、1959年和1960年召开了四次劳模大会。为恢复发展国民经济，进行社会主义建设，劳动模范评选围绕社会主义劳动竞赛和生产运动，强调超额完成任务、推广先进经验、

大搞技术创新、提出合理化建议等在经济生产方面的贡献，加班加点、努力工作是主要标准。这一时期的劳动模范代表人物有钱学森、李凤莲、林巧稚等人。新中国成立初期的劳动模范以无私奉献的大无畏精神和团结苦干的永不懈怠精神将自己投入到国家的经济建设之中，他们弘扬"团结苦干，无私奉献"的劳模精神，以"老黄牛精神"和"硬骨头精神"的高尚品德在人们心中留下了深深烙印。[①]

拓展阅读 8-5

"铁人"王进喜："这困难那困难，国家缺油是最大困难"

王进喜曾任大庆油田 1205 钻井队队长、钻井指挥部副指挥。他是新中国第一代钻井工人。20 世纪 60 年代，他率领 1205 钻井队以"宁肯少活二十年，拼命也要拿下大油田"的顽强意志而冲天干劲，打出了大庆石油会战第一口油井。

当工人，铁人王进喜刻苦学习技术，增长报国之才，一心想着快打井、打好井；当基层干部，他带队伍争一流、站排头，勇于创新，首创全国钻机整体搬家。1958 年，他带领 1205 钻井队创造了月进尺 5009 米的世界纪录，促进了全国石油事业的发展；1960 年参加大庆会战，他以铮铮铁骨人拉肩扛卸钻机，凿冰端水保开钻，带着腿伤搅拌泥浆压井喷，成为"铁人"，带动了大庆会战的迅猛开展；1961 年他当领导干部后，背着炒面下基层，搞调查、传技术、破难题、解民忧，为干部树立了实践党的宗旨的榜样。

王进喜同志的一生是奋斗的一生、光辉的一生。他为我国石油工业的创立和发展作出了彪炳史册的重大贡献，铸就了以"为国分忧，为民争气"的爱国主义精神；"早日把中国石油落后的帽子甩到太平洋里去""宁肯少活二十年，拼命也要拿下大油田"的忘我拼搏精神；为革命"有条件要上，没有条件创造条件也要上"的艰苦奋斗精神；"要为油田负责一辈子""干工作要经得起子孙万代检查"，对技术精益求精的科学求实精神；"甘愿为党和人民当一辈子老黄牛"，不计名利，不计报酬，埋头苦干的无私奉献精神为主要内涵的大庆精神、铁人精神。

（资料来源：作者根据相关资料整理改编而成。）

（二）20 世纪 70 年代至 20 世纪末：开拓创新，巧干实干

20 世纪 70 年代召开了五次劳动模范和先进工作者表彰大会，其中 1977 年 1 次、1978

---

① 李建国，刘芳，2019. 建国 70 年来劳模精神的发展演进、理论诠释及新时代价值[J]. 学习与实践（9）：14-24.

年 2 次、1979 年 2 次。这样频繁和密集的主要原因是 20 世纪 60 年代中期至 70 年代中期国家的经济和社会发展遭受了很大冲击，亟须发挥劳模的模范带头作用，引导广大劳动者投入到社会主义现代化建设中来。

从 1978 年党的十一届三中全会的召开到 1992 年邓小平南方谈话和中共十四大的召开，经济体制改革和非公有制经济的快速发展要求劳动者不仅要吃苦耐劳，更要具备开拓创新的勇气和巧干实干的智慧。这一时期，党和国家对于精神劳动和非生产性劳动的承认直接促使开拓创新、巧干实干的劳模精神深入人心。1978 年 3 月，邓小平同志在全国科学大会开幕式上明确指出，"科学技术是生产力，从事体力劳动的、从事脑力劳动的，都是社会主义社会的劳动者""知识分子是工人阶级的一部分"，重申了"科学技术就是生产力""现代化的关键是科学技术现代化"。来自全国各地的 5586 名代表出席了这次大会，代表中最年轻的 22 岁，最年长的 90 岁。动物学家陈世骧激动地说："今天，我们科学界的春天又回来了。我永远不会忘记这个日子！"

进入 20 世纪 80 年代后，知识经济的到来使得精神劳动逐步成为主导体力劳动的驱动力。1988 年 9 月，邓小平提出了"科学技术是第一生产力"的论断，促使科技创新在社会发展中的重要性深入人心，精湛的业务能力、卓越的技术革新力以及开拓创新、敢闯敢干的劳模形象被凸显出来，开拓创新、巧干实干的劳模精神深入人心。1989 年 4 月，国务院要求"全国劳动模范和先进工作者必须热爱祖国、坚持四项基本原则，拥护改革开放方针"。这个评选标准延续至今。1995 年至今，每隔 5 年召开一次全国劳模表彰大会，劳模评选进入常态化时期。

拓展阅读 8-6

"两弹元勋"邓稼先

1950 年，26 岁的邓稼先在美国取得物理学博士学位后毅然回国，投入到中国核物理的理论研究工作中。1958 年，中央决定，依靠自己的力量发展原子弹。

"为了它，死也值得。"邓稼先从此挑起了中国原子弹理论研究的重任，并开始了隐姓埋名的生活。他带领科学家和工程技术人员克服了常人难以想象的困难，终于迎来中国原子弹研制工作的决战阶段。1964 年 10 月 16 日，我国第一颗原子弹爆炸成功，罗布泊上空的蘑菇云振奋了全中国。

邓稼先默默无闻奋斗几十年，甘当无名英雄，却常常在关键时刻出现在最危险的岗位上。

1979 年，在一次试验中，邓稼先不顾大家的阻拦，冲进现场去找核弹碎片，这让他的身体受到严重的辐射伤害。1984 年，邓稼先在大漠深处带病指挥了他一生中最后一次核试验。第二年，已是癌症晚期的他回到北京。在解放军总医院住院的 363 天里，邓稼先忍着剧痛，和同事于敏一起写出了《中国核武器发展规划建议书》。

1986 年 7 月 17 日，在北京解放军总医院的病房中，62 岁的邓稼先被授予"全国劳动模范"奖章和证书。12 天之后，邓稼先去世。直到此时，他隐藏了 28 年的身份才得以公之于众。

（资料来源：作者根据相关资料整理改编而成。）

（三）21 世纪初至党的十八大之前：爱岗敬业、争创一流，艰苦奋斗、勇于创新、淡泊名利、甘于奉献

进入 21 世纪，市场经济体制的发展进一步释放了社会发展活力，科学技术促进生产力和社会经济发生了巨变。新世纪劳模群体中不仅包含物质劳动生产者，还涌现出一批经营管理者、科技工作者和知识型劳动者，出现了私营企业主、体育明星。凡是通过合法劳动创造社会财富，推动社会主义生产力发展者都被纳入劳动者范畴，他们均享有平等的劳动权利和政治地位。2005 年 4 月，胡锦涛同志在全国劳动模范和先进工作者表彰大会上首次将劳模精神的科学内涵以 24 个字表述出来，即"爱岗敬业、争创一流，艰苦奋斗、勇于创新、淡泊名利、甘于奉献"。2005 年，国务院授予 2900 多名同志全国劳动模范和先进工作者称号。其中，企业职工 1400 多人、农民 600 多人、社会管理和公共服务等人员 800 多人，分别约占 50%、21%、28%，其中女性有 500 多人，占 18%，少数民族有 260 多人，占 9%。从年龄结构上看，40 岁以下的近 700 人，61 岁以上的不到 100 人，分别约占 23% 和 3%，年龄最小的 17 岁，年龄最大的 85 岁。这次推荐评选工作体现了面向基层、面向一线、面向经济社会发展各条战线和社会各个阶层的原则，人员具有广泛的代表性；体现了"尊重劳动、尊重知识、尊重人才、尊重创造"的方针，人员具有较强的先进性。他们中绝大多数获得过省部级劳动模范和先进工作者称号，是本地区、本系统的杰出代表，在群众中享有较高的威信，如在抗击"非典"中做出突出贡献的医学专家钟南山院士、新时期技术工人的杰出代表许振超、人民的好法官宋鱼水、全国人民满意的公务员张云泉等。

（四）党的十八大之后：精益求精，创新创造

随着中国特色社会主义进入新时代，我国经济从高速增长调整为中高速增长，经济

发展更加重视经济发展的质量，经济产业结构由中低端向中高端水平转移，新一轮创新创业潮席卷而来，各种新概念、新模式、新技术被投入试点并推广应用。劳模精神与经济发展新常态及建立现代化经济体系的需要相适应，一方面，创新创造被摆在更加突出的位置；另一方面，精益求精的工匠精神成为新时代劳模精神的核心体现。2016 年 4 月，在知识分子、劳动模范、青年代表座谈会上，习近平总书记指出："广大知识分子要增强创新意识，敢于走前人没有走过的路，敢于抢占国内国际创新制高点。要把握创新特点，遵循创新规律，既奇思妙想、'无中生有'，努力追求原始创新，又兼收并蓄、博采众长，善于进行集成创新和引进消化吸收再创新；既甘于'十年磨一剑'，开展战略性创新攻关，又对接现实需求，及时开展应急性创新攻关；既尊重个人创造，发挥尖兵作用，又注重集体攻关，发挥合作优势……广大劳动群众要勤于学习，学文化、学科学、学技能、学各方面知识，不断提高综合素质，练就过硬本领。要立足岗位学，向师傅学，向同事学，向书本学，向实践学。三百六十行，行行出状元。任何一名劳动者，无论从事的劳动技术含量如何，只要勤于学习、勇于实践，在工作上兢兢业业、精益求精，就一定能够造就闪光的人生。"2017 年 10 月，习近平总书记在党的十九大报告中指出："激发和保护企业家精神，鼓励更多社会主体投身创新创业。建设知识型、技能型、创新型劳动者大军，弘扬劳模精神和工匠精神，营造劳动光荣的社会风尚和精益求精的敬业风气。"企业家精神、劳模精神、工匠精神和劳动者大军第一次在党的代表大会上被并列提出，丰富了中国特色社会主义劳模精神的新时代内涵。

拓展阅读 8-7

孙晓颖：三尺讲台铸师魂

孙晓颖，正高级教师、枣庄三中语文教研组组长，山东省第十二届、第十三届人大代表。她先后获得全国五一劳动奖章、全国先进工作者、全国模范教师等荣誉称号。

孙晓颖 1986 年枣庄师范学校中专毕业，1996 年在枣庄三中任临时代课教师。没有上过高中，却要在省重点高中任教，面对巨大的压力，她每天早上 5 点钟起床，晚上学习、备课到凌晨，极度的劳累，严重透支了身体，但她依然坚持。

孙晓颖常说"爱是人类最美的语言"，教师的职业是爱的事业。为了让每一位学生都进步，她多元评价学生，开展丰富多彩的互动活动，鼓励他们展示才能、开阔视野、树立志向。一位家长在观看了班级的演出后，握着她的手，眼含热泪地说："谢谢你老师，我的孩子学习不好，怎么看他都窝囊、没出息，我从来都不知道他朗诵得这么好。"

她的同事说:"在我带高三的第一年,孙老师真的是手把手地教,她真的是具有名家风范,她的课堂是可以推门听课的,她的每一堂课都是公开课。"

(资料来源:作者根据相关资料整理改编而成。)

二、弘扬新时代劳模精神

以习近平新时代中国特色社会主义思想为指导,充分拓展劳模精神的哲学内涵,提升劳模精神的文化价值,增强劳模精神的实践引领,具有时代意义。

(一)劳模精神的新时代价值

在不同的历史阶段,劳模始终是彰显革命精神、民族精神和时代精神的一面旗帜,是推动社会进步的火车头,是催人奋进的时代领跑者,劳模精神具有丰富的时代价值。

1. 国家层面

劳模精神为实现中华民族伟大复兴的中国梦注入强大的精神动力。"空谈误国,实干兴邦",只有脚踏实地地劳动,真抓实干、埋头苦干才能实现个人发展和社会发展,从而实现国家发展。劳模精神是引领中华民族发展的先进的、科学的、文明的思想道德和价值取向,代表的是优秀的价值观、道德观,展示的是中华民族顽强拼搏、自强不息的崇高品格,体现的是中华民族与时俱进、开拓创新的精神风貌。

拓展阅读 8-8

拉齐尼·巴依卡:永不折翅的"帕米尔雄鹰"

2021年1月4日,开年第4天,气温骤降。和严寒一起袭来的,是拉齐尼·巴依卡牺牲的噩耗。这一天,正在喀什大学参加培训的他,为救一名落水儿童英勇牺牲。

1949年12月,中国人民解放军红其拉甫边防连成立。在塔吉克语中,红其拉甫意为"血染的通道"。这里常年积雪,平均海拔超过4300米,氧气含量不足平原地区的一半,风力常年在7级以上,最低气温达零下40摄氏度。

2004 年 7 月，退役的拉齐尼·巴依卡光荣地加入了中国共产党。也是从那年开始，他接过"接力棒"，沿着爷爷和父亲的足迹，义务为红其拉甫边防连担任巡逻向导，其间多次被评为"优秀共产党员"，被边防官兵和当地牧民誉为"帕米尔雄鹰"。

2011 年冬天，边防连一支巡逻队伍遭到暴风雪袭击。途中，一名战士突然滑入雪洞，周围冰雪不断塌陷。危急时刻，拉齐尼·巴依卡迅速爬到雪洞旁脱下衣服、打成结、系成绳子，花了 2 小时才将战士拉出来。战士得救了，拉齐尼·巴依卡却被冻得不省人事，被送到医院抢救 3 个多小时才挽回生命。

"没有祖国的界碑，哪有我们的牛羊。为国护边是我们家的荣耀！"拉齐尼·巴依卡常把这句话挂在嘴边。2020 年 11 月，拉齐尼·巴依卡获评"2020 年全国劳动模范"。2021 年 3 月，中宣部追授拉齐尼·巴依卡"时代楷模"称号。

（资料来源：作者根据相关资料整理改编而成。）

2. 社会层面

劳模精神有利于营造崇尚劳动的浓厚氛围和精益求精的敬业风气。榜样蕴藏无穷力量，精神激发奋斗意志。劳模的最大价值在于给广大人民群众精神上的感染和鼓舞，影响和带动周围的人。劳模精神凝结着中华民族的优秀品德，闪烁着时代发展的光芒，为社会发展凝聚积极向上的氛围。大力弘扬劳模精神，有利于进一步激发人们心中蕴藏的道德热情，提升人们的工作积极性；有利于引导人们树立尊重劳动、学习劳模、争当劳模的思想意识；有利于营造社会良好的劳动氛围，促进社会公平正义。

拓展阅读 8-9

台州市临海市"劳模匠心"志愿服务队

组织名称：台州市临海市"劳模匠心"志愿服务队

成立时间：2003 年 9 月

注册志愿者人数：96 人

经常开展的志愿服务项目：义诊义剪、家电维修、技能培训、技术破难、精神宣讲等；劳模匠心"组团式"志愿服务与坚守

当劳模与志愿者两个角色叠加，当劳模精神与志愿精神交相辉映，他们身上便

发出了更加令人感动的奉献之光。台州市临海市"劳模匠心"志愿服务队以各级劳模工匠为引领,以"坚守匠心、传承恒心、奉献爱心"为宗旨,充分发挥"劳模工匠"的技能优势,共组建了"爱心理发""电器维修""技术攻坚"等 12 支专业化劳模志愿服务团队,用匠人初心开展"组团式"志愿服务,用实际行动弘扬劳模精神,以扎实作风践行志愿服务精神。截至 2020 年,该志愿服务队共计组织开展志愿活动 120 余场次,累计服务企业 380 余家、职工群众 5000 余人,破解各类难题 500 余件,深受广大企业职工和群众的广泛赞誉。

台州市临海市"劳模匠心"志愿服务队充分发挥劳模工匠在各行各业的专业技术能力,开展"组团式"精准服务,面对面给企业职工、社区群众、农村百姓送去解决迫切问题的服务。他们组建劳模宣讲团,开展"弘劳模精神、树文明风尚"劳模大讲堂活动,并创新了"点单式"宣讲新模式,制定党政最新政策理论、劳模事迹、岗位做贡献等五大主题的精神宣讲"菜单"。他们以劳模工匠担纲领头,以技能传承为抓手,打造"劳模公益"培训基地,开设理发、电器维修、法律知识、电工焊工等 8 类公益培训,为有困难的职工群众搭建平台,帮助其学习新技术、掌握新技能、增长新本领,提升自我价值,以技解困再就业。

"志愿服务是我们一生的事业。""公益事业,我们会做一辈子。"该志愿服务队发起人呼吁更多的志愿者加入他们的队伍,壮大志愿者力量,更好地服务人民群众。

（资料来源：作者根据相关资料整理改编而成。）

3. 个人层面

劳模精神可以感染并引领广大劳动者勤奋做事、勤勉为人、勤劳致富,培育并践行社会主义核心价值观,有利于培养德智体美劳全面发展的社会主义建设者和接班人。

2018 年 9 月,习近平总书记在全国教育大会上指出:"要在学生中弘扬劳动精神,教育引导学生崇尚劳动、尊重劳动,懂得劳动最光荣、劳动最崇高、劳动最伟大、劳动最美丽的道理,长大后能够辛勤劳动、诚实劳动、创造性劳动。"

当前,我国人民正奋进在实现第二个百年奋斗目标的历史征程上,新形势、新任务呼唤大批新劳模的涌现,呼唤弘扬伟大的劳模精神,需要我们在全社会大力弘扬劳模精神,营造劳动光荣、知识崇高、人才宝贵、创造伟大的社会风尚。

（二）弘扬劳模精神的基本路径

创新学习劳模活动，把弘扬和培育劳模精神引入常态化建设轨道，是新形势下学习劳模活动创新发展的重要标志，也是新形势下弘扬劳模精神的新任务、新要求。

1）要加强对学习劳模活动的宣传。要充分运用新的传播手段和新的文化形式，宣传劳模事迹，弘扬劳模精神，在全社会唱响劳动最光荣、劳动最美丽的主旋律，营造尊重劳模、关爱劳模、学习劳模、争当劳模的浓厚氛围，尤其要使人们深刻认识到，无论时代如何变迁，劳模所体现出的坚定理想信念、勇于担当的主人翁精神，团结协作、艰苦创业的精神，辛勤劳动、忘我拼搏的奉献精神，锲而不舍的开拓创新精神，永远是时代的最强音。

2）要坚持贴近实际、贴近生活、贴近群众，使活动的成效体现在与民生幸福密切相关的社会风气的改善上；要坚持面向基层、面向群众的原则，运用群众喜闻乐见的方式、乐于接受的渠道、适宜参加的平台，把学习劳模活动与人们的学习工作和日常生活结合起来，使人们在活动中感受人生幸福、感悟崇高精神、升华人生境界。只有这样，才能增强活动的实效性、影响力和凝聚力。

3）要完善制度建设，使学习劳模事迹、弘扬劳模精神的活动步入常态化建设轨道。我们要切实贯彻落实习近平总书记关于劳模精神、劳动精神、工匠精神的重要讲话精神，把评选劳模、表彰劳模、学习劳模的活动制度化、常态化，不断刷新人们对劳模先进事迹和劳模精神的记忆和体验，高度重视对劳模的人文关怀，不断强化对劳模精神的实质、特征及其作用的研究，培育和弘扬劳模精神。

4）要注重学习劳模活动中重点人群的榜样示范作用，引领学习劳模活动的健康发展。广大青少年是祖国的未来、民族的希望，只有向劳模学习，才能在实践中不断增强国家主人翁的责任感，健康成长为新时代的社会主义"四有"新人，才能确保中国特色社会主义事业后继有人、繁荣昌盛。因此，应让劳模的先进事迹和崇高精神进教材、进课堂、进学生头脑，引导和帮助学生在积极参加各种志愿者服务的实践中，把自己锤炼成为新时代的劳模精神传承人。

三、新时代劳模精神引领大学生劳动教育

劳模精神育人过程是一个综合的过程。一方面，学校用劳模精神深深感化学生，塑造学生；另一方面，充分调动大学生的积极性，使大学生加强自我教育，领悟劳模精神的内涵，不断完善自我，提升自己的人生修养，树立正确的世界观、人生观、价值观。学校应为学生创造学习交流的机会和平台，理论和实践相结合，使学生学有所得、学有

所悟，不断提升自我教育的水平和能力。

（一）重视劳模精神的教育价值

2019年9月，习近平总书记对我国技能选手在第45届世界技能大赛上取得佳绩作出重要指示，强调要健全技能人才培养、使用、评价、激励制度，大力发展技工教育，大规模开展职业技能培训，加快培养大批高素质劳动者和技术技能人才。要在全社会弘扬精益求精的工匠精神，激励广大青年走技能成才、技能报国之路。

劳模精神是推动实现中华民族伟大复兴中国梦的精神驱动力和引领力，是推动实现中华民族伟大复兴中国梦的宝贵精神文明成果，是推动实现中华民族伟大复兴中国梦的强大精神力量。学校应深刻审思劳模精神对丰富劳动教育内容的重要性，将劳模精神融入劳动教育的内容。一方面，要充分阐释劳模精神的理论内涵，深入挖掘劳模精神的时代价值，丰富劳模精神的内涵，这是将其融入劳动教育内容的前提；另一方面，要把劳模精神融入劳动教育内容进行推广，切实在更大空间体现劳模精神的重要性，切实在劳动教育的理论与实践中彰显劳模精神的教育价值。

（二）把劳模精神融入校园文化建设

学校可以通过加强建设校园文化这个着力点，把"劳模精神"主题教育融入校园文化建设的各个环节。学校应多措并举，以弘扬劳模精神为核心，以改善校园整体环境为重点，加强校园文化建设。①通过学校硬件设施建设，注重隐性教育，加大劳模精神宣传力度，如增加各学院文化宣传专栏，建设适当的文化长廊，建设特色品牌和文化景观等硬件设施。②完善劳模精神德育教育机制，努力促使劳模精神教育制度化、常态化。制度文化是校园文化的重要组成部分，可以通过制度文化来实现劳模精神教育与规章制度相结合。③高校要高度重视弘扬劳模精神、加大师资投入、提升教师综合素养，为劳模精神教育顺利开展提供有力保障。

要将劳模精神融入劳动教育，努力打造良好的教学环境和校园文化，充分发挥劳模精神对"学生主体、学习主体"的文化熏陶和培育功能，从而实现劳模精神的内化。

（三）用劳模精神涵养大学生职业道德

劳模绝不平凡，并非人人皆能成为劳模。但只要我们立足本职，愿意去做，大学生也能做到——以平常心尽心尽力做好每一件事情。对每一个大学生来说，学习劳模精神并不需要有惊天动地的业绩，更多的是享受向劳模先进事迹学习的过程，发现劳动的乐趣，抒发对职业的热情，并最终在实际工作中取得进步，做出贡献。

职业道德修养是一种自律行为，是从事各种职业活动的人员按照职业道德基本原则和规范，在职业活动中所进行的自我教育、自我改造、自我完善，使自己形成良好的职业道德品质，达到一定的职业道德境界。新时代的劳模为我们加强社会主义职业道德修养树立了榜样。大学生参加社会实践是提高职业道德修养、学习劳模精神的根本途径。大学生要虚心了解职业模范的典型事迹，不但要向这些模范人物学习，还要向身边的榜样学习，在社会主义建设的实践中，提升职业道德境界。

深入思考

1. 各个时期的劳模有哪些共同点？
2. 劳模精神的内涵是什么？
3. 大学生应如何弘扬劳模精神？
4. 劳模可以在哪些方面激励广大劳动者？

推荐阅读

1. 姚荣启，2020．中国劳模史（1932—1979）［M］．北京：中国工人出版社．
2. 李建国，刘芳，2019．建国 70 年来劳模精神的发展演进、理论诠释及新时代价值［J］．学习与实践（9）：14-24.
3. 路丙辉，徐益亮，2022．劳模精神的生成逻辑与时代价值［J］．道德与文明（1）：39-48.
4. 习近平，2020．习近平在全国劳动模范和先进工作者表彰大会上的讲话［EB/OL］.（2020-11-25）［2023-09-20］．http://jhsjk.people.cn/article/31943690.

第九章
新时代大学生创新创业教育

学习目标

1. 了解创新创业教育的内涵，掌握创新创业相关能力。
2. 了解创业精神与工匠精神的联系。
3. 积极提升劳动实践能力及创新创业能力。

本章导读

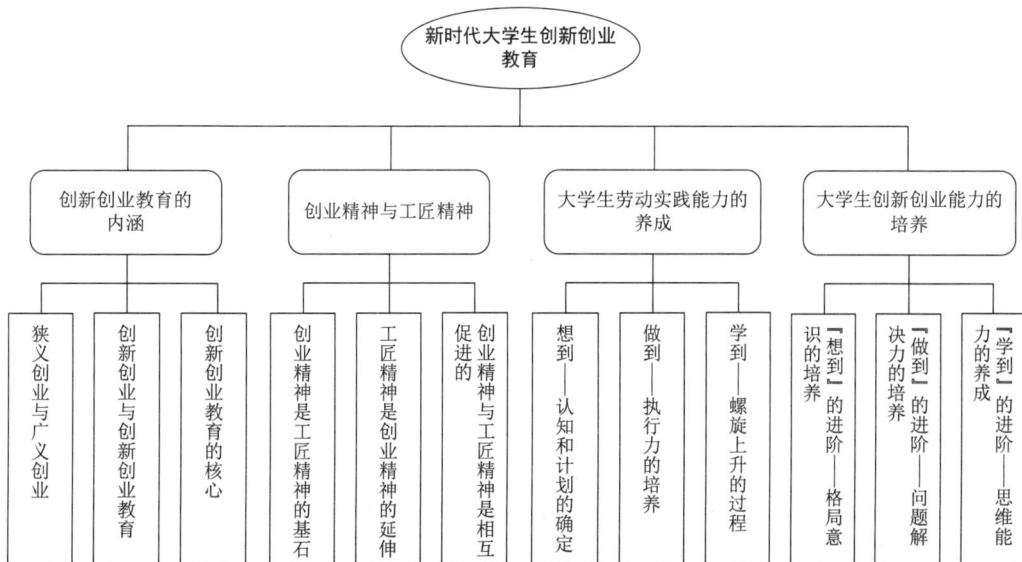

⊙ **问题导入** ⊙

职场的故事

张三和李四毕业于同一所学校的同一个专业，学习成绩都很好。毕业后，他们同时受雇于一家公司的同样岗位，拿同样的薪水。

一段时间后，张三受到了提拔，而李四却原地踏步。李四想不通，询问老板为什么厚此薄彼。

老板却跟他说："李四，你现在到集市上去一趟，看看今天有卖土豆的吗？"一会儿，李四回来汇报："只有一个农民拉了一车土豆在卖。"

老板问："有多少？"李四没有问过，于是赶紧又跑到集市上，然后回来告诉老板："一共300公斤。"

老板问："价格呢？""我现在就去问。"李四再次跑到集市，回来告知："8毛钱一公斤。"

老板问："如果我全买下来，价格还可以优惠吗？"李四回答道："我再去问问。"

一会儿，李四回来汇报："我问了，他说如果全要，可以优惠到6毛5。"

老板说："你先休息一下，喝杯水，看看张三是怎么做的。"老板又把张三叫来："张三，你现在到集市上去一趟，看看今天有卖土豆的吗？"张三也很快就从集市上回来了，汇报说只有一个农民在卖土豆。

老板问："一共有多少？"张三回答道："总共有300公斤。"

老板问："价格是多少？"张三回答道："8毛钱一公斤，但是如果咱们全要的话，可以优惠到6毛5。"

张三从口袋里拿出一个土豆递给老板，继续说道："我感觉土豆的质量很不错，价格也比较便宜，咱们公司刚好需要，我又跟他谈了谈价格，最低可以5毛钱就拿到。我带回来一个样品，您看一下，咱们是否要全部买下来？"

老板说："那咱们就全要了吧。"

"好的老板，我已经把他带到咱们公司楼下了，那我安排几个同事去搬货了。"张三回答道。

思考：

1. 张三和李四的差距到底表现在哪些方面？

2. 为什么说创新创业能力是劳动实践能力的进阶？

创新创业教育的目标在于帮助学生更加清晰地认识自己并通过自我培养不断得到

提升，最终取得成功。关于成功，每个人都有各自的见解，但总体来说，成功就是拥有"选择"的权利，如果细分一下，成功可以分为两个层次。一是低层次的成功，指的是有资格去做自己想做的事情；二是高层次的成功，指的是有资格去拒绝自己不想做的事情。我们相信，这个成功的定义对于绝大部分人来说是成立的，而绝大多数人是既渴望成功，也渴望拥有选择的权利。

时代在发展，社会在进步，随着高校的不断扩招，高等教育已经慢慢由精英教育演变为大众教育。然而，大众教育的发展并不代表精英教育就此退出历史舞台，无论是哪个行业，对人才的需求都是多样性的，精英教育的需求从未缺少过。本章以广义的创新创业教育作为切入点，从学生的认知和定位入手，从思维和内涵建设的角度培养学生，真正以"教育"为根基进行创新创业能力的培养，即通过对综合能力的培养，引导学生向"精英"迈进，最终获得"选择"的权利。

第一节 ▍ 创新创业教育的内涵

一、狭义创业与广义创业

创业有狭义创业与广义创业之分。狭义创业是指以营利为目的的商业行为。广义创业的概念则脱离了纯粹的商业范畴，广义创业是指在混乱无序、变化和不确定的环境中勇于承担责任，积极主动地寻求与把握机会，高效地整合与利用资源，明智地决策，创造性地解决问题，创新并创造价值的过程。创业既指向目标达成，也指向"创造性破坏"。创业活动要求大学生具备自主、自信、勤奋、坚毅、果敢、诚信等品格与创新精神。因此，创业不能仅仅被当作一种纯粹的、以营利为唯一目的的商业活动，而是将其渗透于人们生活中的一种思维方式和行为模式。

与之对应，创新创业教育也存在广义与狭义之分。创新创业教育的宗旨在于培养大学生的创业技能与开拓精神，以适应全球化、知识经济时代的挑战，并将创业作为职业的一种选择，转变就业观念。创新创业教育不仅传授创业的知识与能力，更重要的是让学生学会像企业家一样去思考问题。同时，大学生经过充分的知识准备，使他们具备战略眼光、决策能力、良好的沟通协调能力、营销能力、较高的情商等创业者素质。也就是说，创新创业教育的最终目标并不是将大学生培养成企业老板，而是对大学生的综合素质和能力进行全方位的培养，这就是广义的创新创业教育。狭义的创新创业教育就是对创业者的培养，只是广义的创新创业教育中的一部分。

二、创新创业与创新创业教育

在高校，创新创业与创新创业教育通常被混淆，师生难以区分和理解创新创业教育和创新创业到底有什么区别，大部分人认为学生的创业项目成功了，那么创新创业教育就是成功的。

从严格意义上来说，创新创业教育与创新创业在很多逻辑上并不通用，甚至有时相反，这是很多从事创新创业教育工作的教师并没有意识到的。首先，创新创业教育的核心要素是培养学生的创业精神和创业思维。创业精神集中表现为一种积极向上的人生态度和坚韧不拔的意志品质。这种精神本质上是对自我的挑战，即要求大学生不沉迷于安逸的现状，对自己的职业和人生进行主动规划与探索，养成负责任、能受挫的心理素质。然而，真正的创业则相反，创业者为了创业成功，往往选择自己擅长的领域。其次，学生在学校的主要任务是学习和成长，创新创业教育赋予学生的应该是积累经验、开阔视野及在创业项目运作过程中不断磨砺和提高，因此创新创业教育应更加关注过程而不是结果。也就是说，创新创业教育和创新创业在着眼点和根本目的上是不同的。

因此，创新创业教育不能单纯地以"成功孵化公司"作为考量的结果，而更应该关注学生的实践过程和成长过程。项目失败不代表教育失败，在实际创业项目运作过程中遇到困难并努力解决问题、克服困难的过程对学生成长的意义更大。

三、创新创业教育的核心

创新创业教育的核心在于创业精神与创业思维的培养。

（一）创业精神

1. 创业精神的价值与意义

清华大学创业中心发布的一份研究报告表明，在中国大学生创业实践领域，大学生主动开展创业的比例低于 1%，而其中创业成功占比仅为 2%～3%，显著低于发达国家水平。国内大学的创业率，以及创业成功率都很低，既表现出大学生创业意愿缺失、高校创业教育相对落后、社会创业氛围淡薄等问题，也反映出大学生自身缺少创业经验和创业精神。

　　那么，创业精神是什么呢？一般情况下，我们把创业精神定义为企业家精神，是创业者在创业过程中表现出的诸多优秀精神品质的集合，也是刺激经济增长、创造就业机会的必要因素之一。对于创业精神的论述有很多，如约瑟夫·熊彼特把创业精神驱动的创新活动的特质归纳为"创造性破坏"，任正非把创业精神看作是一种"狼性"精神（狼的特点十分明显：一是敏锐的嗅觉，二是百折不挠的持续攻击精神，三是集体奋斗意识）。哈佛大学商学院认为：创业精神是追求超越现有资源条件下机遇的行为。这意味着创业者要突破当前已有资源的限制，通过创新来创造新机会的行为。创业精神包含创新行为，而不是特殊的经济现象或个人特质表现。

　　创业精神对个人发展来说具有重要价值，体现在以下几方面：①精神层面的价值，即创业者主观上勇于创造、坦然面对失败、坚信胜利的勇气和性格；②实践价值，即创业者在实际创业过程中，能将主观意志与具体实际相结合，综合运用各种知识，平衡各方关系，打开新局面、创造新价值的能力。

　　创业精神在大学生创新创业教育中具有重要意义。实现中华民族伟大复兴的中国梦必须弘扬以改革创新为核心的时代精神和以爱国主义为核心的民族精神，大学生创业精神是以改革创新为核心的时代精神的重要组成部分，也是时代精神在大学生群体中的具体体现。党的二十大报告提出："加快发展数字经济，促进数字经济和实体经济深度融合，打造具有国际竞争力的数字产业集群。优化基础设施布局、结构、功能和系统集成，构建现代化基础设施体系。"在数字产业化与产业数字化的数字经济时代，具有开创精神的人才逐渐成为经济腾飞发展的首要资源。开创精神是数字经济发展的动力和灵魂，也是新时代对人才的客观要求。创业精神可以激发大学生的创业兴趣和创业意愿，使其理性地进行创业准备，指引其创业选择、方向和态度，引导其做长远规划。培养大学生的创业精神，使大学生树立不屈不挠的意志，提升自己对创业各个阶段的价值判断，规范创业过程中的操守及信念，不断激励自己勇于面对创业中的困难，激发自己为实现理想而奋斗的强大精神信念。因此，加强大学生创业精神的培养，对于大学生实现自身价值及大学教育体制改革、社会经济改革和发展都具有深远的现实意义。

2. 创业精神的特点

　　创业精神具有普遍适用性。创业精神的培养是大学生创新创业教育的重要组成部分，是高等教育改革的重要途径和新机遇。在"大众创业、万众创新"的时代背景下，高校逐渐将创业精神规划到新的教育体系中，并制定了创新创业的培养目标，注重培养学生的综合素质和创新思维，逐步完善传统的人才培养模式。

　　创业精神是创业者在主观世界中具有开创性的思想、理念、个性、意志、风格和品质，它是一种不受范围限制、向外扩张和发散的思维和行为模式。简而言之，就是要通过创业精神寻找新领域、新方法、新突破、新增长点。在竞争模式上，以实质性的"质的提高"取代低效的"量的堆积"，避免进入同质化竞争中；在竞争格局上，从"存量竞争"转为"增量竞争"，打破传统的零和博弈思维，促进良性竞争、开放竞争和共享竞争，最终从竞争走向竞争与合作并存的状态。

面对社会上的竞争，有的团队成员选择退出不参加，这是一种消极心态，这种消极心态会让团队失去生机，使团队发展陷入停滞。在创业团队中，每个成员都是事业的支撑者，只有把创业精神和贯彻落实领导的正确决策相结合，才能使整个创业团队展现出生机勃勃的活力和战斗力。一旦创业团队中出现不参与、不竞争的消极心态，则团队就会失去战斗力，团队的业绩将受到不良影响。在新时代背景下，各个行业的竞争十分激烈，市场环境充满压力和挑战，创业团队必须坚守创业精神，不断推出新思路和新理念，积极应对竞争和挑战，才能获得更广阔的市场；否则，就会被市场淘汰。

拓展阅读 9-1

百 折 不 挠

任正非小时候家境比较贫寒，家里七口人的生计依靠父亲微薄的收入来维持，家里的开支经常陷入困境，时常需要借债。任正非就是在这种吃不饱穿不暖的环境中，以自身的勤奋努力考上了大学。

任正非44岁时，因经营被骗200万元巨款，被迫离开工作多年的国有企业，同时还负担了200万元的债务。那个时候的任正非人到中年，家里有老人和孩子要养活，又担负了巨额债务，心理上承受的压力可想而知。

但是，身处中年危机的任正非并没有被困难吓倒，在挫折中他毅然下海，开始了经商之路。1987年，他创立了现在的华为信息技术有限公司（以下简称"华为公司"），并在代理香港一家公司的程控交换机上收获了第一桶金。

当时国内的程控交换机领域存在技术上的缺陷。任正非很有创业精神，他敏锐地意识到需要紧盯这项技术，并把华为公司的全部资金都放到自主研发技术上。这次破釜沉舟让华为公司一举抓住了发展机遇。任正非带领华为公司实施"农村包围城市"的销售战略：首先进入竞争小的农村市场，一步一个脚印，最后进军城市，并最终占领城市的广阔市场。在任正非的创业精神的引领下，华为公司不断地发展壮大，如今已经是全球顶级的通信技术领域的高科技企业。

3. 创业精神的培养

高校对大学生创业精神的培养主要是引导学生树立正确的创业观，培养大学生开创一番新事业的热情，增强自主创业的意识，提高创业素质，鼓励大学生在学习和实践中不断磨炼坚韧的意志和开创事业的能力。高校对大学生创业精神的培养是一项系统工程，既需要理论知识的学习，又需要创新创业实践的锻炼，还需要社会和家庭的支持。它并不是让每个学生都学会创办一个企业，而是以创业精神面对学习、生活和工作，并不断地创造新的价值。把创业精神贯穿于高等教育的全过程就是培养大学生在学习和实践中的自信心，激发大学生树立坚定的理想信念，充分发挥创造性思维，积极寻找新机遇、创造新局面，积极获取和提升成功创业所需的综合素质和能力。

（二）创业思维

1. 创业思维的价值与意义

创业思维，又称为创业者思维，是一种"没有难不难，只有能不能""方法总比困难多"的思维方式，是如何利用不确定的环境创造机会的思考方式，是一种问题解决能力。创业思维从实用主义的角度看，从效应逻辑和精益创业衍生出的创业思维是一种面向行动的方法，对创业者具有重要的价值和意义。

2. 创业思维的特点

创业思维是一种以结果为导向的思维模式。这种模式要求创业者将目标转化为行动，并不断优化行动以达成目标。南斯拉夫有一部非常著名的电影《桥》，里面有一个令人印象深刻的情节，游击队试图炸毁大桥，但由于大桥太坚固了，以至于他们带的炸药无法炸毁它。他们设想了各种办法都行不通，最终想出了一个解决办法：游击队找到了这座大桥的设计师，因为只有设计师最清楚这座大桥脆弱的地方，只要把炸药放在这个位置，就能很容易炸毁大桥。

创业思维是一种不走寻常路的思维模式，即在执行过程中只要有助于达成既定目标，就会以一种不走寻常路的思维模式出现，因此创业思维中的"创"字就有创新的属性。

3. 创业思维的培养

大学生创业思维的培养，需要在特定的教育教学模式下从以下几方面进行。

首先，创业思维要求大学生具备"没有难不难，只有能不能"的思维，以结果为导向，以百折不挠的精神来寻找解决问题思路的逻辑。

其次，创业思维的培养需要大学生拥有创新意识，能够在对事物足够了解的基础上不拘泥于固有模式，善于推陈出新，寻找更优的解决方案。

最后，创业思维的培养要求大学生拥有持久的热情，在遇到困难和挫折时勇于直面困难，不忘初心。

总之，大学生创业思维的培养是提升综合能力的重要环节，是激发大学生对学习和工作保持激情的重要途径，高校应加强对大学生创业思维的培养，为大学生适应未来职场发展提供保障。

拓展阅读 9-2

可口可乐的发明

可口可乐是一种风靡全球的碳酸饮料，而可口可乐诞生并成为饮料产品，则是偶然的"失误"带来的。

1886 年，美国亚特兰大的约翰·彭伯顿想发明一种让很多需要补充营养的人喜欢喝的饮料。那天，他正在搅拌做好的饮料，并将这种饮料加入了糖浆和水，然后加上冰块，他尝了尝，感觉味道好极了，但没想到的是，在倒第二杯时，他的助手一不小心加入了苏打水（苏打水中有二氧化碳和水），没想到这回味道更好了，后来人们把这种无酒精的深色的糖浆，称为彭伯顿法国酒可乐。

合伙人罗宾逊从糖浆的两种成分，激发出命名的灵感，于是 Coca-Cola 便诞生了。起初，可口可乐在药店出售，第一份可口可乐售价为 5 美分。之后，可口可乐风靡世界。

第二节 | 创业精神与工匠精神

一、创业精神是工匠精神的基石

（一）创业精神是从 0 到 1 的开创

彼得·蒂尔说过："创新不是从 1 到 N，而是从 0 到 1。"从 0 到 1，很可能是全新的开始，从无到有，意味着创业团队要有创业精神，要善于创新和创造。

创业精神倡导开创性，创立新事业将会给人类社会带来新的变革和可能，创造出前所未有的价值。由 0 到 1 的跨越要求创业团队专注于创造和创新。诚然，直接模仿别人已有的产品或模式会比研发新的产品或模式更容易，事物只发生由 1 到 N 的复制，但每当创业团队创造新的东西，事物就会从 0 变成 1。到底怎样才能从 0 做到 1 呢？创业精神的开创性起到了决定性作用，这种开创性就是创新，创新的行为是独一无二的，创新发生的瞬间也是独一无二的。

（二）脱离了创业精神的工匠精神是无源之水

世界顶级孵化器财富空间的创始人、美国硅谷重量级创业教父史蒂文·霍夫曼指出，创业的艰难是因为创新的头脑被传统的思维所困。工匠祖师鲁班是工匠精神的典型代表，他所制作的各种工具和器械精致无比，但无论是日常生活中所使用的各类工具，还是传说中可以飞天的木鸢，其作品中无不充满开创性的智慧，而这些开创性的思维和逻辑，都要归功于创业精神。试想一下，倘若鲁班仅仅满足于对现有物品的精雕细琢而不愿意开拓创新，是否还会取得如此大的成就呢？细数历代能工巧匠，能使他们屹立于历史舞台的一个重大因素往往都是来自开拓创新的创业精神，如改进造纸术的蔡伦、发明活字印刷术的毕昇等。可以说，创业精神就是工匠精神从量变到质变的基础，没有创业精神的工匠精神就是无源之水，永远无法产生质变。

拓展阅读 9-3

中 国 高 铁

中国高铁网是目前世界上最大规模的高速铁路网。1999 年 8 月 16 日中国首条客运专线秦沈客运高铁专线开工，2003 年 10 月秦沈客运专线开通。京津高速铁路 2008 年开通后，中国步入了时速 300 千米以上的高铁新纪元。截至 2023 年 11 月 30 日，中国高铁运营里程为 4.37 万千米，总里程已能围绕地球赤道一周，包括香港特别行政区在内的 31 个省级行政区开通了高铁。另外，目前武广高铁、京沪高铁、京津城际铁路速度达到 350 千米/时。

中国高铁经历了从无到有，从技术引进到自我创新，从合作研发到独立自主创新的发展历程。中国高铁人满怀创业精神，让中国高铁从跟跑变为领跑。无论从科技层面，还是从效率层面，中国高铁的建设都已渐入佳境。

从跟跑到超越，从超越到卓越，再到如今以高标准屹立于世界舞台，中国高铁的成就来之不易，也令世人惊叹。中国高铁人一直致力于高铁设备的不断更新换代。中国高铁凭借勇于探索、精益求精的工匠精神，让"中国制造"逐步迈向了"中国智造"。

二、工匠精神是创业精神的延伸

（一）工匠精神是从 1 到 N 的发扬

从 1 到 N 阶段，创业团队需要的是快速复制、标准化的能力。在这一阶段，企业的用户从最初的天使用户发展到主流用户，对产品质量和标准的要求不断提高，创业团队需要快速完成产品的复制及商业模式的推广，并以此来扩大企业的规模。在这种情况下，创业团队的核心逻辑是指数式的扩张，需要创业团队具备非常高的标准化能力，协作一致，专业分工，以实现加速复制。因此，在这个漫长的过程中，熟练的技术、耐心、毅力及精益求精的工匠精神成为企业成长的关键。

（二）脱离了工匠精神的创业精神是无锋之刃

创业精神代表着开创，但创业容易守业难，只有在对事业不断精益求精的追求中，才能不断巩固、发展和完善。因此，创业精神的背后，需要工匠精神的支撑，脱离了工匠精神这种对事业精益求精的态度，那么创业精神将成为昙花一现。因此，脱离了工匠精神的创业精神是无锋之刃。

在现实中，虽然有些初创企业完成了由 0 到 1 变革性的创新，但无法完成从 1 到 N 的迁移，甚至在很多市场领域中，完成由 1 到 N 的市场领导者并不是从 0 到 1 的创立者。

在中国电子商务市场，大部分人只知道淘宝、天猫、京东，但不知道 8848 网站才是中国电商的开创者。阿里巴巴市值最高时曾超过 8000 亿美元，而 8848 已经破产了 20 多年。

在中国共享汽车市场，首易是第一家提供专车服务的公司，然而目前滴滴才是行业第一。

……

可以说，工匠精神是创业精神的延伸。弘扬工匠精神，提倡技术创新，提升产品质量，无论是大众创业、万众创新，还是转型升级、提质增效，工匠精神都是实现这些目标的动力来源。因此，新时代的创业精神和工匠精神，都蕴含着精益求精、严谨踏实的品质。创业精神和工匠精神，两者既有相同之处，也有区别。创业精神以精益求精为手段，旨在开创新的事业。工匠精神以创新创业为手段，循序渐进，不断改良，其主要目的是改造和完善现有的事物。工匠精神在一定意义上有助于事物的短期发展；而创业精神着眼于事物的长足发展。工匠精神弥补了创业精神的不足，使得眼前利益和长远利益兼顾。

三、创业精神与工匠精神是相互促进的

从某种程度上来说，创业精神是基础，工匠精神是上层建筑，基础决定上层建筑的高度，而上层建筑决定了整体建筑的用处大小。

创业精神是从 0 到 1 的创造。工匠精神是创造的延续，是从 1 到 N 的精益求精。融入创业精神的工匠精神在不断追求完美的过程中不断积累，最终由量变引起质变，创造出新的开始，于是工匠精神又能够通过积累引发新的创业精神。可以说，创业精神和工匠精神是相互融入、互相作用的整体，是相互作用、螺旋上升的结果，无论缺少哪一个，都无法成就伟大的事业。

第三节 ┃ 大学生劳动实践能力的养成

我国古代对"实践"的认知在很长一段时间里一直处于"知易行难"与"知难行易"的纠结中，直到明朝思想家王阳明提出了"知行合一"的哲学思想，才形成了更为广泛的认知。

大学生劳动实践能力的培养应该遵循"知行合一"的基本原则。因此，本节将大学生劳动实践能力的培养划分为三个部分：想到、做到、学到。其中，想到代表的是知，包含认知和计划；做到代表的是行，包含实施与执行；学到代表知和行的融合及自我的提升，包含对"行"的总结及对"知"的提升。

一、想到——认知和计划的确定

（一）树立正确的价值观

价值观是基于人的一定思维之上做出的认知、理解、判断或抉择，也就是人认识事物、辨别是非的一种思维或取向，从而体现出人、事、物一定的价值或作用。在阶级社

会中，不同阶级有不同的价值观。价值观具有稳定性和持久性、历史性与选择性、主观性的特点。价值观对动机有导向作用，同时反映人们的认知和需求状况。

在马斯洛需求层次理论中，人的需求被划分为 5 个层次，如图 9-1 所示。

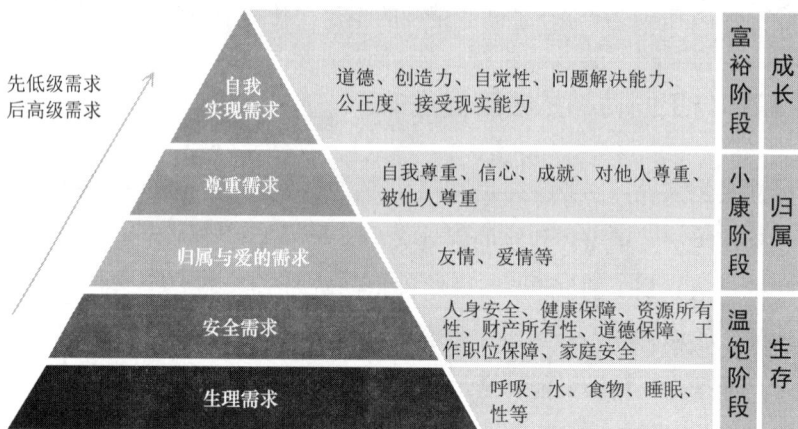

图 9-1　马斯洛需求层次理论

从图 9-1 可以看出，第一层是生理需求，也就是生存和繁衍的需求。在中国古代也有类似论述：孔子在《礼记》里讲"饮食男女，人之大欲存焉"；告子曰："食色，性也。"古今中外都将生存和繁衍当作人类的第一层需求，这是所有需求的根本。第二层是安全需求。安全需求对不同的人来说并不相同，有的人仅仅需要满足人身安全就够了，但有的人除了人身安全的保障外，还需要生活保障和足够的安全感，如工作稳定、有自己的房子等。因此，是否满足了安全需求，是因人而异的。即使所处的境况相同，其需求的满足情况也是大相径庭的：有的人已经追求更高层次的需求，有的人依然停留在对这一层次的恐慌和焦虑之中，无暇顾及其他。第三层是归属与爱的需求，这是在没有后顾之忧的情况下更高一级的需求，是对社交、爱情等方面的需求。每个人都希望获得别人的关心和照顾，感情上的需要往往比生理上的需要更加细致，情感和归属的需求与人的经历、教育等有千丝万缕的联系，从互联网时代早期的博客到微博，再到微信朋友圈，都是基于大众对归属感的需求而出现的社交媒体。第四层是尊重需求，当拥有了社交圈后，大部分人希望能够在这个圈子中成为被关注和瞩目的对象，希望成为圈子的领导与核心，被尊重、被敬仰。这种尊重可以从内在和外部两个方面进行诠释。就内在来说，每个人都有自尊心，都希望自己能够有足够的实力去做事情，每个人都希望自己拥有个人魅力，当这些需求得到满足后，那么人所表现出来的就是自信、宽容，反之则是自卑、狭隘。就外部来说，是指人们需要有社会地位，能够受到别人的尊重。第五层是自我实现需求，这在马斯洛需求层次理论中属于金字塔的最顶端，它是指当前面四层需求都得到满足以后，那么人将不再继续追求外在的东西，而将自我实现作为最终的价值体现，人们希望能够最大程度地发挥自己的能力，追求实现自我价值。

通常来说，价值观并不是一成不变的，个人由于所处的生涯发展阶段、社会环境不同，需求也会发生改变，从而导致价值观的变化。因此，需要对价值观不断地进行审视和调整。

（二）自我定位

1. 提前定位的重要性

《孙子兵法》有云："知彼知己，百战不殆。"现在是信息爆炸的时代，互联网、大数据为我们带来了海量的信息，要从海量信息中寻找适合自己的定位，就要求我们对"知彼知己"有一个新的定义和定位，它将不再是一个不分先后的并列短语，而是应该先知己再知彼。

现代社会已经不是过去那种学得越多越好，而是学得越有用越好。因为没有人能够在信息爆炸的时代学通学会所有知识。因此，大学生必须根据自己的特点、优势寻找适合自己发展的方向，这个方向就是自己在大学生涯中需要学习的内容。所以，方向的选择尤为重要，只有选定了方向，朝着目标努力才能实现自己的目标与理想。然而，在大学教育阶段以前，几乎不曾涉及生涯规划和成长方向的选择问题，初入大学，没有了高考的指挥棒，也没有了教师和家长替自己做选择，骤然的"自由"反而让很多大学生无所适从。职场中行业众多，如果让大学生直接在所有行业中进行选择规划，恐怕一直到毕业，都未必能够将所有行业了解清楚。事实上，一个人只需要选择一项工作去做，最多有几个有兴趣的备选工作。

2. 三部九组二十七定位模型

（1）大学生主观意愿的三个宏观分类（三部）

对大学生来说，毕业后可供选择的三个宏观分类有从商、从政、搞学术研究。例如，创业属于从商，在政府体系中从事各种职务属于从政，研究员、大学教授等属于搞学术研究。此外，还有其他选择，如从事医生、企业职工等。我们将三个宏观分类设置为商部、政部、学部，这代表主观意愿是学生想要去走的路、想要去做的事情。

（2）大学生客观能量倾向的三个宏观分类（九组）

对于人生和成长来说，除了要考虑自己的主观意愿外，还要考虑自身的客观实际，也就是自己的能力和特长的范畴，只有主观意愿和客观实际相结合，这个定位才是可行的，对学生来说也是比较适合的。

对于客观实际，也就是学生的能力和特长，它可归结为三种基本属性，也就是九组中的"组"，它们分别是创造性、亲和力和逻辑性，我们称为"创组"、"统组"和"研组"。创造性主要表现在创新意识和动手能力方面（对应职业生涯课程中霍兰德职业兴趣理论中的实用型和艺术型）；亲和力主要表现在与人的沟通协调及管理方面（对应霍兰德职业兴趣理论中的企业型和社会型）；逻辑性主要表现在钻研和研究方面（对应霍兰德职业兴趣理论中的研究型和事务型）。

商部、政部、学部中的每一部都包括以上三组，共九组，也就形成了"三部九组"模型。其中，三部相对独立存在，因为这三个方向对学生的实际能力和发展要求大相径庭，最好尽可能地确定自己的唯一选择。也就是说，要么从商，要么从政，要么搞学术研究，这就需要大学生对自己进行深入的自我探索。

一般来说，有的学生有多项擅长的方面，这是正常的，但在自我探索过程中，依然需要挖掘自己最擅长的方面，即所谓的核心竞争力，因为核心竞争力才是自己未来成功的关键能力。因此，"三部九组"模型的核心功能，就是为学生"定坐标"，给学生一个清晰的定位，以便于他们能够在大学生涯中选择对自己最为合适的培养方式。

（3）大学生成功意愿强度的三个层次（二十七定位）

每个人对成功的定义不同，对成功和成长的意愿强度也不同，因此针对大学生不同的成长意愿，我们进行了高层领导者、中层管理者、基层执行者三个层次的划分，这三个层次体现在整个教学中三部九组坐标体系配套的立体化培养。其中，高层领导者是那些对自身期许较高、掌控欲较强的人群，这一层次的学生在将来的职场中，主要定位为高层或高级管理人员，职场对他们的要求是知识面广博且逻辑推理能力、判断力和执行力强。那么对应地，他们需要掌握的技能更加全面，经受的磨炼更多，需要承受的压力也是最大。中层管理者主要是对自身要求较高，掌控欲望不够强烈，但自我约束力较强的人群。职场对他们的要求不是知识面广博而是专精，拥有较强的创造力和执行力，能够在自己的工作岗位上独当一面。基层执行者是指最广泛的基层劳动者。职场对他们的要求主要集中在执行力及心态方面。

需要注意的是，三个层次的划分标准，首先是基于学生自身意愿的选择，其次是努力程度、自身能力等方面的考量，然后经过学生自身不断地自我适应及在实践中的匹配淘汰，最终形成的层次定位。

（4）三部九组二十七定位模型说明

"商、政、学"三个主观方向形成了三部，每部"创、统、研"的三个能量倾向形成了九组，而九组为平面方向，通过"高层、中层、基层"三个意愿强度层次的划分，形成了立体的二十七定位，如图 9-2 所示。

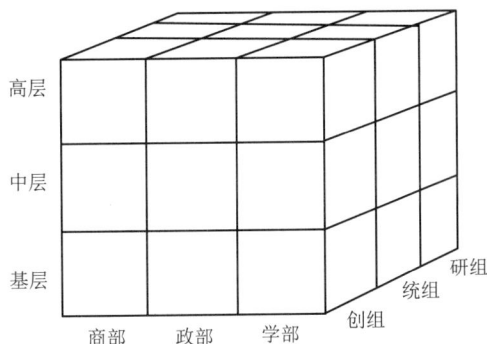

图 9-2　三部九组二十七定位

需要说明的是，三部九组二十七定位只用于基础性方向的选择参考，并不代表学生已经具备相应的能力。例如，选择了商部创组，并不代表学生已经具备了足够的创业能力，能够去当老板，而是对于该生来说，创业是一个比较适合的选择方向，至于当老板还是做员工，需要考虑其本身的综合素质和能力。

三部九组二十七定位的作用是为学生提供自我探索的方法，帮助学生明确自身定位及学习努力的方向。

（三）信息的获取、筛选与甄别

信息获取的途径包括书籍、互联网、报纸、电视、广播等。然而，仅仅知道如何获取信息是远远不够的，在互联网时代，信息有真有假，因此具备信息的获取、筛选、甄别的能力非常必要。对于海量的信息，可以简单地将其分为五类，按照信息有用程度和真假，可分为极有用的信息、有用的信息、有用的假信息、无用的信息、有害的信息。

极有用的信息，是指可以改变人生道路甚至对自己的人生格局产生影响的信息。有用的信息，是指对事业或生活产生一定影响但影响范围和深远程度并不是太大的决定和决策的信息。有用的假信息，是指信息虽然是假的，但通过假信息可以分析推理出有用的真信息，从而对行为和选择产生积极影响的信息。无用的信息，包括真信息和假信息，是指不会对你的人生或者行为、选择产生任何影响，或者虽然会对你产生影响，但却无法做出任何应对和改变的信息。有害的信息，是指会诱导你做出错误选择的信息。

信息的筛选要求我们必须将获得的信息加以分析和甄别，排除无用甚至有害的信息。

假信息都是有迹可循的，它们有以下几个共同特点。

1）假信息没有具体时间节点。例如，用昨天、星期五、21 号等模糊的字眼。这样无论转发多久，都会让人觉得事情是刚发生的。

2）假信息经常采用模糊的地名（如文化路），或者连锁店铺（如肯德基）、超市之类，这样的地点在全国很多地方都有，会让人认为就是自己所在的城市。

3）假信息对人名不加修饰且多采用易重复的名字，其目的是为了让更多的人对号入座。

4）某些假信息的内容通常是一些能够诱发"善心"的内容。例如，"寻找在广州打工的张三"，这消息恐怕找到的不是某个人，而是一群人，根本无法具体寻找，这就是骗子想要的效果。

甄别假信息可以借助搜索引擎检索"姓名、电话、事件"等关键词，便可真相大白。

因此，大学生要学会信息的筛选和甄别，对于有用信息可以为自己所用，对于无用甚至有害信息，要摒弃，不让其对自己造成不良影响。

（四）制订计划是实践的有益前提

世界是瞬息万变的，答案是丰富多彩的，正因为有了各种各样的变化，才需要对未来的发展提前制订计划及方案。

因此，"实践未动，计划先行"是保障实践活动有序开展的重要手段。一般来说，劳动计划的制订需要包括时间（when）、地点（where）、人物（who）、流程（how）四个基本要素及目标和资料两个拓展要素。拓展要素就是根据实际情况判定非必要条件。具体劳动计划的制订无须统一模板，而是根据实际需要进行设计，这也是对认知和思维逻辑的考察。

二、做到——执行力的培养

谈到执行力的培养，不得不提美国作家阿尔伯特·哈伯德的著作——《致加西亚的信》（*A Message to Garcia*）。到 1915 年作者逝世为止，《致加西亚的信》的发行量高达4000 万册。该书被翻译成多个国家的文字，成为培养士兵、职员敬业守则的必读书。

这是一个真实的历史故事。事件要追溯至 1898 年 4 月初，在美西战争爆发前夕，美国总统麦金莱急切地要和古巴起义军将领加西亚取得联系，了解古巴起义军和西班牙占领军的军事力量对比、将领情况、地形等重要信息。任务急迫而艰巨，必须找一个能够完成该任务的人。军事情报局局长向总统推荐了陆军中尉安德鲁·萨默斯·罗文。罗文拿了信，把它装在一个油布制的口袋里封好并吊在胸口。他划着一艘小船，于四天之后的一个夜里在古巴上岸，消失在丛林中。三个星期之后，他从古巴岛的另一边出来，已徒步走过危机四伏的古巴，把那封信交给了加西亚。

通过对《致加西亚的信》的研究，我们提炼出执行力的几个核心要素：①分辨该想和不该想；②只为成功找方法，不为失败找借口；③坚决地执行；④最优选择就是捷径。

拓展阅读 **9-4**

《致加西亚的信》告诉我们的道理

《致加西亚的信》告诉我们这样一个道理：如果一个企业大部分人碌碌无为，那么即使人手众多，也没有人能将这样的企业经营好，因为它的员工要么能力不足，要么不肯用心。

没有责任心的工作态度对许多人来说已经习以为常，当马虎懒散的工作作风成为工作常态，那么要么强迫他们，要么全方位帮他们做，否则这些人就什么工作也无法完成。

在《致加西亚的信》中，作者假设了这样一个场景：

你吩咐某个员工："请帮我查一下百科全书，把科里吉奥的生平做成一份摘要。"他绝对不会回答一句"好的"，然后立即执行。他会茫然地看着你，然后提出一堆问题，比如："科里吉奥是谁？他还在世吗？查哪套百科全书？书在哪里呢？这是不是不该我做？为什么不让乔治去做呢？急用吗？为什么要查他呢？"即使你回答了所有的问题，解释了他的一切疑惑，那个员工转头就会将工作安排给另外一个员工，然后回来告诉你，工作无法完成，因为查不到这个人。

最后，作者写道："我钦佩那些无论老板是否在办公室都努力工作的人，我敬佩那些能够把信交给加西亚的人。他们静静地把信拿去，不会提任何愚笨的问题，更不会随手把信丢进水沟里，而是全力以赴地将信送到。这种人永远不会被解雇，也永远不必为了要求加薪而罢工。

"文明，就是孜孜不倦地寻找这种人才的一段长久过程。

"这种人无论有什么样的愿望都能够实现。在每个城市、村庄、乡镇，以及每个办公室、商店、工厂，他们都会受到欢迎。世界上急需这种人才，这种能够把信送给加西亚的人。"

（资料来源：作者根据相关资料整理改编而成。）

三、学到——螺旋上升的过程

人类社会的飞速发展，离不开学习能力，而学习的目的在于学以致用，学习的结果追求"知行合一"。

学习是一个螺旋上升的过程，是基于前期的认知，通过实践进行验证，产生结果后对结果进行反思，根据反思对认知进行升级，而升级后的认知继续通过实践进行验证，从而产生新的结果、新的反思，然后进一步升级认知。因此，学到的关键在于总结"想到"和"做到"，尤其是各种失败和挫折所带来的成长，这种成长主要包括两个方面：一是业务能力的提升；二是意志力和自控力等自我管理能力的提升。

（一）要正视实践过程中的失败所带来的教育意义

在很多考量创新创业教育成果的指标体系中，经常会出现"成功孵化公司数量""公司营收"等指标，用以衡量创新创业教育的优劣。但实际上这只是创新创业项目的优劣标准，而不是教育的标准。在本章第一节中我们明确了创新创业教育的主要目标是对学生创业精神和创业思维的培养。因此，学生的成长情况才是衡量创新创业教育成果的真正标准，而在成长的过程中，往往伴随着大量的挫折和失败，学生正是在这种挫折和失败中不断前行。由于很多高校将关注点放在"成功孵化公司数量"及"公司营收"上，会经常采用人为降低实际难度的方式为学生团队营造"成长的温室"，学校不仅提供基本的场地和政策支持，甚至直接为学生公司提供业务，帮助学生公司做营收和流水，以营造出成功创业的假象，这种所谓的成功，无疑是以毁掉学生成长机会和项目实际生存能力为代价的，是舍本逐末的行为。

因此，高校的创新创业教育应该本着真实的原则，让学生在真实的商业实践中去获得成长的力量，即使失败也没有关系。俗话说"失败是成功之母"，项目运作失败不仅不代表教育的失败，有时反而能给予学生更多的成长养料。

首先，大学生可以在失败中不断地磨炼意志，这对于个人成长是非常有价值的；其次，大学生在进行项目运作的过程中不断尝试总结的过程是非常高效的学习过程，实践得来的知识比课堂上的教学更容易被掌握并且熟练应用，所谓"纸上得来终觉浅，绝知此事要躬行"就是这个意思；最后，项目的实际运作过程往往是一个立体化决策的过程，信息的多样性和环境的多变性对判断能力及决策能力的养成非常有价值，而在这种情况下的失败的决定因素也会非常复杂。因此，对失败的复盘和分析又是一门特别生动且很有意义的课程。

综上所述，大学生在实际参与创业实践的过程中经历失败并不完全是坏事，而且也不应该去回避和逃避失败，更不应该揠苗助长式地将本该失败的项目强行干涉为看起来成功的项目。由于在校大学生的认知和经历有限，失败概率较大本应是顺应成长规律的事情。相反，片面追求项目成功，违背了教育的本心，则是逆势而为。

当然，关注"失败"所产生的教育意义不代表要求项目必须失败，而是要尽可能营造出较为真实的市场环境和条件，让学生在真实的市场环境中学习成长。当然，也有学生在商业领域有着天生的敏锐嗅觉，可以及时做出调整，避免失败，这种出自学生自身能力的成功，才是真正的成功。

（二）意志力是抗压及抗挫折能力的最核心要素

意志力又称为毅力，是指人们自觉地确定目标，并根据目标来支配、调节自己的行动，克服各种困难，从而实现目标的品质。意志力是个人成长成才的重要因素，常常发挥关键作用。

松下幸之助是日本著名跨国公司"松下电器"的创始人，被称为"经营之神"。他说："我不知道反复了几次'再来一次'。人不论做错几次，只要不失'再来一次'的勇气，必然大有可为。"这种百折不挠的精神就是意志力坚强的表现。

意志力作为自我引导的一种精神力量，是每一个渴望成功者的"必修课"。那么，如何提升自己的意志力呢？

意志力提升的首要原则是下定决心。大家知道，在下定决心之前都会有一系列复杂的心理活动，要认清已经具备的条件，进行客观分析，并且积极思考。只有清晰明确且科学可行的目标，才能作为我们的航标。如果我们盲目地下定决心，即使决心很大，也无济于事，而且很可能前功尽弃。

树立自信心是意志力提升的关键环节和不竭源泉。爱默生说："自信是成功的第一秘诀。"自信心可以不断给我们暗示和激励，是内在动力的源泉。一个国家、一个民族的自信心是这个国家或这个民族兴旺发达的前提，也是凝聚力、向心力的基础。同样，对于个人来说，成就伟大的事业也离不开自信心。

自信心是人对自己的个性心理与社会角色进行的一种积极评价的结果。它是一种有能力或采用某种有效手段完成某项任务、解决某个问题的信念。它是心理健康的重要标志之一，也是一个人取得成功必须具备的一项心理特质。

保持恒心是意志力提升的基础环节。我国古代的荀子曾说："锲而舍之，朽木不折；锲而不舍，金石可镂。"具有恒心的人，在困难面前不退缩；具有恒心的人，在危险面前不怯阵；具有恒心的人，在灾祸面前不躲避；具有恒心的人，在诱惑面前不变节，最终实现水滴石穿、金石为开的目标。例如，四渡赤水、爬雪山、过草地，艰苦长征的中国红军就是具有伟大意志力的楷模。

（三）在学会自控中做强大的自己

老子在《道德经》中讲："知人者智，自知者明；胜人者有力，自胜者强。"但丁也强调："测量一个人的力量的大小，应看他的自制力如何。"那么，什么是"自制力"呢？

自制力（self-control）又称为自控力，就是一个人控制自己思想感情和举止行为的能力。人区别于动物的根本点之一，就在于人是有思想的，因而可以按照一定的目的，理智地控制自己的感情和行为。

自制力反映了一个人的意志水平，是坚强的重要标志。与之相反的是任性，即对自己的言行不加约束、不考虑行为后果及事态带来的影响。自制力作为一种可贵的心理品质和行为习惯，是人格特质的重要组成部分。自制力不是天生的，而是可以在后天训练和培养的。

现在我们来看一个长跑运动员的故事。几年前，这个运动员参加一项长跑比赛。这个比赛不仅代表运动员自身的荣誉，还代表整个队伍的荣誉。他是队里的顶梁柱，在比赛前两天，他一直担心的问题出现了，他的腰非常疼，这也是他常年训练积累下的疾患。这一次比任何一次都疼得厉害，但是他不能也不想放弃比赛，因为这个比赛没有了他，队伍几乎没有任何希望。所以，他没有把病痛告诉任何人。尽管在比赛之前的一分钟他的腰仍然很痛，但他咬紧牙关坚持跑到结束。他的表现和以往一样，很顺利，成绩也与之前相差无几。到底是什么力量让他在腰痛时还能坚持跑下去呢？是为了自己和队伍的荣誉吗？或许是，但我们更愿意相信是他的自制力。顽强的自制力，让他自己鼓舞自己，自己振奋自己，这就是我们常常说的"做强大的自己"。大学生应加强自制力的锻炼，这需要注意以下三点。

1）善于控制自己的情绪。每个人都要做情绪的主人，而不是做情绪的奴隶。面对困难、失败或者矛盾冲突，一定要"先处理情绪，再处理事情"，这是积极情绪管理的基本原则。

2）要控制自己的欲望。在高扬理想旗帜的同时，必须控制欲望的烈火。理想在一定程度上体现和满足欲望，但理想并不等于欲望，或者说，并非所有的欲望都能成为理想。理想不等于空想、幻想和臆想，理想是有科学依据的规划或蓝图，是可以实现的美好目标。

3）要控制自己的时间。塞涅卡说："一切都不是我们的，而是别人的，只有时间是我们的财产。"因此，对于那些消耗我们时间的人和事，我们要勇敢地说"不"。

坚强的自控力不仅可以帮助我们减少失误、少走弯路，而且可以促使我们到达成功的彼岸。

第四节 | 大学生创新创业能力的培养

在"大众创业、万众创新"的时代背景下，大学生的创新创业能力培养已经成为高等教育的一项重要内容。

近年来，国家对高校创新创业教育的要求越来越高，教育部要求大学生创新创业教育要覆盖全体教师和全体学生，并要求贯穿大学生涯的全过程。可以说，创新创业能力不仅仅是创办企业的"必需品"，也是劳动实践能力的进阶。因此，如果说劳动实践能力的培养是为了培养合格的大学生，那么创新创业教育则是培养学生从合格到优秀、从优秀到卓越的过程。

大学生创新创业能力的培养，需要在"格局视野下"重新审视想到、做到、学到。其中，想到是从基本的认知进阶到格局意识的培养；做到是从执行力培养进阶到问题解决力的培养；学到是从基本的总结进阶到思维能力的养成。

一、"想到"的进阶——格局意识的培养

什么是格局？格局是世界观的另一种表述，不能单纯用大小来描述，还要有精细度。其中，"格"是对认知范围内事物认知的程度，对"格"的要求是精细；"局"是指认知范围内所做事情及事情的结果，对"局"的要求是要宏大。

关于格局意识，最核心的要素有三个：定位、眼光和选择。没有人能够在所有领域取得成功，因此格局的首要因素是为自己选择合适的定位，无法给自己定位的人，很难拥有真正的格局；眼光由见识面和思维模式所决定，它决定了选择的先进性与正确性；选择由眼光和心态所决定，它决定了眼光是否能真正地发挥作用。其中，定位的部分是较为基础的要求，已经在上一节中介绍，接下来主要介绍眼光和选择的部分。

（一）眼睛看不到的地方需要眼光

大学时代有很多的机会和选择摆在大学生面前，很多时候决定自己人生的，并不仅仅是所谓的能力提升，机遇和选择也是非常重要的部分。其实，每个人从出生开始，就会遇到各种各样的机遇，可以说每个人的人生都不缺少机遇，真正缺少的是看到机遇的眼睛和选择机遇的手。很多成功者之所以脱颖而出，就是因为他们在别人看不到或者看

不清的时候看到了、看清了；在别人茫然犹豫的时候坚决地选择了；在局势不明的时候坚定地坚持了。

俗话说："眼睛看不到的地方需要眼光。"眼光代表着透彻和预见，它是选择的前提，是做出正确选择的重要保障，因为只有看透了、看准了，才能做出正确的选择。

拓展阅读 9-5

隧道视野效应

美国的一个摄制组想要拍摄一部关于中国农民生活的纪录片，于是他们找到中国农村的一个柿农，以20美元的价格购买1000个柿子，并请他演示这些柿子从树上摘下到储存的全过程。柿农很高兴地答应了，然后找了帮手开始工作。他爬到树上，用一个绑有弯钩的竹竿，看准长得好的一钩一拧，柿子就掉了下来。柿农动作非常娴熟，柿子不断滚落，而他的助手则飞快地将那些柿子捡到一个竹筐中，同时还不断地大声跟柿农拉着家常。美国人觉得非常有趣，不断用镜头记录着，包括后面储存柿子的过程。拍摄完后，美国人付了钱就准备走，柿农收了钱很奇怪："你们怎么不把柿子带走呢？"美国人说不好带，也不用带了，他们已经买到了想要的东西，至于柿子，就当作礼物请柿农自己留着就好。柿农看着美国人远去的背影，感叹世界上竟然有这样的买者，给了钱却不要东西。可这个柿农不知道的是美国人拍摄的这部关于采摘和储存柿子的纪录片，为他们在美国赚取了大量的美元，他更不会理解，在美国人眼中最值钱的是他们那种独特的采摘和储存柿子的方式。

（二）眼光要靠选择来证明

人生中，会面临各种各样的选择或者抉择。可以说，人的成功与否的最主要因素就是是否善于选择正确的道路。影响选择的因素有很多：外界的、内部的、主观的、客观的，还有根本不存在而自己想象的。错误选择的原因在于眼前利益和长远利益往往是冲突的，只能二选一。这就好像钓鱼，要么早收线钓小鱼，要么放长线钓大鱼，如果大鱼小鱼都想要，那是撒网，不是钓鱼，而前提是你得有网。

有人说："每个人都希望做出正确的选择，而在面临重大决策时，人们做出的大部分选择偏偏是错误的。"很多人觉得不可思议，因为大家完全无法感觉到自己一直都在做出错误的选择。下面列举几个耳熟能详的案例，看看如果是自己，会如何选择。如果你是比尔·盖茨，你会退学创办微软公司吗？如果你是刘强东，会在名校毕业以后选择创业这条路吗？似乎每个成功者都会遇到一个可以改变自己人生的重大选择，似乎每个重大选择都跟常人的选择不同,他们冒险了,然后成功了。然而,我们看到在成功者的背后,还有无数人因为做出同样选择而失败了。因此,在做选择之前,应该先学会善用眼光,并不是因为别人的选择成功了自己也做同样的选择,也不是说别人失败了自己就不能做同样的选择了。

为什么每个成功者的成功都是基于异于常人的选择?这是让很多人纠结的问题。因为有人选择了,结果成功了,可当别人试图复制时,反而失败了。其实选择得正确与否,应该靠眼光来保驾护航。要通过眼光看到未来、看到趋势,同时也需要思考并进行分析和判断。每个人的情况不同,自然做出的选择就不相同,其实选择的两个主要因素是利益的远近和风险的大小。

另外需要注意的是,选择本身也是有成本的,这个成本称为机会成本。机会成本就是在 A、B 两个选项中,选择了 A,自然就不会获得 B 选项的收益,而这个收益,就是没有选择 B 的代价,也就是机会成本。例如,比尔·盖茨选择了退学,自然无法拿到学历学位,这就是他选择退学的机会成本。在选择的时候,不仅要判断机会成本的付出是否值得,而且要对所谓的机遇进行分析和判断,还要对自身条件和机遇进行分析和匹配。只有适合自己的,才是最好的。

(三)最优的选择就是捷径

工作的开展离不开事先的规划,而同样一项工作,往往可以制订出不同的工作计划,判断这些工作计划的优劣程度,就要看其是否进行了最为合理的设计。可以说,设计是工作计划的高阶属性,是对所有资源和要素更加合理的配置。通常来说,这也是责任心的表现。大部分人制订工作计划仅仅考虑基本情况,而对于成长意愿较高的人来说,仅仅完成工作计划是不够的,他们有着对工作精益求精的工匠精神,因此会对工作计划进行最优方案的设计,而这个最优方案就是实现工作的最优选择,我们通常称之为捷径。

很多人会认为捷径就是投机取巧,其实这是对"捷径"的误解。《现代汉语词典》(第7版)中对"捷径"的解释是:"近路,比喻能较快地达到目的的巧妙手段或办法。"这意味着花费比别人更少的时间,并能出色地完成任务。

不同的人对捷径有不同的诠释,有人认为要善于发现捷径,有人认为捷径是不存在的,因此不要试图寻找捷径。其实,如果深入理解捷径的概念,就可以确定:捷径是一定存在的,只是捷径的形式未必都是那么巧妙,有时踏踏实实的笨办法才是真正的捷径。捷径不是投机取巧,而是代表着最优选择。例如,有时换种方式会减少很多不必要的环节,因此可以成为某些事情的捷径;有时创新思维会带来新的发展方向,因而成为捷径;有时看起来又笨又麻烦的方法反而是最优选择,其他方式都存在不稳妥的因素,那么这种又笨又麻烦的方法就是捷径。

《致加西亚的信》中的罗文中尉在接到信后心中只有一个目标，就是"把信安全及时地送给加西亚"。罗文没有去想为什么要他去送、完不成任务怎么办等问题，而是果断、坚决地采取行动，并在执行任务的过程中积极地和古巴起义军合作，战胜懒惰、侥幸和恐惧，最后成功地把信送到了加西亚将军的手中。他没有问东问西，没有中途放弃，没有牢骚满腹，也没有怨天尤人，不去试图投机取巧，而是为了完成任务，积极寻找可靠的帮助和有效的办法。遇到问题后解决问题，这就是罗文中尉的捷径。

需要注意的是，因为每个人的能力、资源等情况各不相同，所以最优选择并没有真正的标准答案，就如小学的四则混合运算，有的人可以一眼找到简便方法快速答题，而有的人却不擅长寻找快捷方式，用来寻找简便方法的时间比按部就班答题的时间都要长，那么对他来说，按部就班反而成了最优选择。因此，捷径也会因人而异，适合自己的才是好的，而其中最适合的，就是属于自己的捷径。

二、"做到"的进阶——问题解决力的培养

执行力是一项非常重要的能力，它的核心在于行动能力，代表着忠实地执行。但世界是瞬息万变的，很多情况下忠实地执行会随着环境的变化而遇到瓶颈，这时就需要执行者将细致的思考和分析融入执行力中，这就是执行力的进阶能力，即问题解决力。

日本著名的管理学家、战略分析专家大前研一及其弟子斋藤显一合著了《问题解决力》一书，书中第一次对"问题解决"进行了详尽的分析，这对增强个人的问题解决力具有积极和重要的价值。在该书中，大前研一首先提出了不被表象迷惑，找到真正的解决办法的思考流程，也叫PSA（problem solving approach）"三原则"和"三步骤"。所谓PSA"三原则"就是：要有所有问题都能解决的强烈信心，经常考虑"what、if..."，不要把原因和现象弄混。所谓PSA"三步骤"是指：问够100个问题，问题的原因就会显现出来；看到问题本质的话，就建立假设；收集能够证明假设的数据并证实它。为了配合这种思考方式，真正在实战中推进PSA，问题解决者还要掌握问题解决力的基本技巧。大前研一提出了解决问题的四个步骤：①理解所处的环境；②收集有效的信息；③实现数据的图表化；④用"框架"思考。这些方法的运用，不仅可以发现真正的问题所在，找到问题的本质原因，还能找到解决问题的有效途径，是让千万个执行者受益的良方。

问题解决力的内在结构具体来说包括：①信念要素，即相信"方法总比问题多"，坚信所有的问题都是可以解决的；②思维方式要素，即既能够严格按照流程进行思维，

尊重客观事实，又能在瞬息万变的环境中把握核心关键并进行适当调整；③技能要素，既包括信息的获取和筛选，又包括信息的分析和解读，还包括对解决方案的设计及实施等。因此，问题解决力既是一种科学的决策能力，又是一种高超的执行能力。从发现问题和设计解决方案的角度看，问题解决力是一种科学决策能力；而从实施调查分析和落实解决方案的角度来看，问题解决力又是一种不折不扣的执行力。

在问题解决力的三个内部要素中，信念要素是前提和精神保障；思维方式要素是关键，决定收集信息和调查分析的方向；技能要素是问题解决力的具体表现形式和实现基础。这三个方面是缺一不可的有机整体。

问题解决力的培养，首先要破除思想的迷信，即那种认为只有天才才能成功的观念。鲁迅先生说："哪有什么天才，我是把别人喝咖啡的工夫都用在读书上了。"所以，培养问题解决力需要进行刻苦勤奋的思维训练。大前研一认为，问题解决的技巧不是才能。很多经营顾问公司都是在新员工进入公司后才教给他们的，而在那之前，他们还完全不知道问题解决为何物。也就是说，问题解决的技巧是可以通过学习掌握的。

培养问题解决力要加强对自己培训的投资。对于创业者来说，各种形式的创业培训班、论坛、交流会、朋友圈等都是重要的锻炼和交流途径。此外，树立终身学习的开放心态和谦虚务实的学习态度也是必要的。

三、"学到"的进阶——思维能力的养成

思维能力是创造力的源头活水。要培养具有创新精神的人，必须先培养其直击核心本质的思维能力。人类社会的进步，文明程度的提高，制度的不断完善，都离不开思维能力这个核心。下面介绍思维能力培养的几个基本要求。

（一）找准"问题到底是什么"

谈到解决问题，大部分人的习惯是遇到问题就立刻开始着手去解决，一边做一边调整。但实际上这种解决问题的方式效率十分低下，很多人虽然很努力，但却总是无法将问题圆满解决，甚至经常会走弯路，这是为什么呢？其实原因很简单，因为大部分人忽略了一个至关重要的因素：问题到底是什么，自己是否发现了真正的问题所在。很多人看到这里会笑，他们并不觉得自己做事情的时候还不知道问题是什么，总觉得问题显而易见，但事实并非如此。

（二）回归简单思考

对于任何疑难问题，最好的解决方法就是能真正切合该问题进行简单思考，而非惑

于问题本身的盲目探讨。

拓展阅读 9-6

孩子的思维

　　英国某家报纸曾举办一项高额奖金的有奖征答活动，题目是：在一个充气不足的热气球上，载着三位关系人类兴亡的科学家。第一位是环保专家，他的研究可拯救许多人免于因环境污染而面临死亡的噩运。第二位是原子专家，他有能力防止全球性的原子战争，使地球免于遭受灭亡的绝境。第三位是粮食专家，他能在不毛之地运用专业知识成功地种植谷物，使几千万人脱离因饥荒而亡的命运。此刻热气球即将坠毁，必须丢出一人以减轻载重，使其余两人得以生存。请问，该丢下哪一位科学家？问题刊出后，因为奖金的数额庞大，各地答复的信件如雪片飞来。在这些答复的信中，每个人皆竭尽所能，甚至天马行空地阐述他们认为必须丢下哪位科学家的见解。最后结果揭晓，巨额奖金得主是一个小男孩。他的答案是——将最胖的那位科学家丢出去。

（三）抓住解决问题的核心要素

　　越是复杂的问题，越应该找准核心，只有这样才能最方便和完美地解决问题。曾经有这么一个案例：有一个商人准备投资一家电影院，可是选址问题让他头疼。一位专家给了一条建议：去派出所查一下什么地方丢的钱包最多。这又是一个似乎很难理解的建议，丢钱包和电影院有关系吗？答案是很有关系，因为电影院需要建在人流密集的地方，而人流密集的地方，容易丢钱包。

（四）学会寻找关联

　　人的认识发展总是从不熟悉到熟悉。对一个新事物的认识可以用旧事物作参照。那么要创造新事物或有效认识新事物，首先得有对"相似性"敏感的直觉。

　　类比思维具有举一反三、触类旁通的作用。类比思维往往遵循以下三步。

　　第一步：对现象的警觉，即"临机触动"。

　　第二步：触类，即对这一现象进行分析和挖掘。

　　第三步：旁通，举一反三，发现有相似性的新事物。

　　当要创造某一事物而又思路枯竭时，通过从自然界或人工物品中寻找与创造对象类似的对应物，就可以减少凭空想象的缺点。例如，借用乌龟的原理设计水、陆两用车，仿效蝙蝠的飞翔进行超声波定向等。

（五）学会"换地方打井"

换地方打井是著名的思维学家、创新思维之父德·波诺提出的概念，用于形容他的平面思维法。当时存在一种叫作纵向思维的逻辑，指的是沿一条固定的思路走下去，就好像一条线，只有前后两端，而平面思维是针对纵向而言的，偏向多思路、多方向的思考，就好像由多条线形成了一个面。对此，他做了一个比喻：在一个地方打井，总是打不出水。如果具有纵向思维的人来看，他会觉得自己努力不够，要更加努力；而具有平面思维的人则会认为，可能是地方没有选对，考虑换个容易出水的地方重新打井。

拓展阅读 9-7

公舌的艺术

公园门口有一块空地，经常被停满各种各样的自行车，造成大门的拥堵，而且非常不美观。公园的负责人就在门口立了块牌子"此处不准停自行车"，结果情况毫无改变，人们依然乱停乱放自行车。后来牌子被不断更换，措辞也越来越严厉，如"此处禁止停自行车""此处严禁停自行车"，但依然毫无效果。公园的负责人很无奈，只好去请教一位管理学大师，第二天，公园门口重新竖起一块牌子"停车处，收费 5 元"。从此，再也没有人把自行车停在那里了。

（六）学会系统思考，综合分析

系统思考就是整体考虑，综合分析就是以整体的观点对复杂系统的构成组件之间的连接进行分析，采用"见树又见林"地解决问题的思维方式。

那么，如何进行系统思考呢？一是要防止分割思考，注意整体思考；二是要防止静止思考，注意动态思考；三是要防止表面思考，注意本质思考。系统思考最著名的案例就是"田忌赛马"和"围魏救赵"了，这也是战略思考的雏形，是格局提升的必备思考方式之一。

（七）将问题巧妙转换

有时我们碰到问题，通过直接的方法是难以解决的，但如果通过转换，将原本很难的问题，变为另外一个容易解决的问题，其效果可能就会截然不同。问题转换的公式可以表述为：

A 问题实际上就是 B 问题；

A 关系实际上就是 B 关系；

要解决 A 问题，就是要解决 B 问题。

有时我们在生活中碰到的问题，通过直接的方式去解决可能难度很大，甚至根本解决不了。但是，假如将问题转换一下，将一个看似很难的问题，通过材料、关系、方式、焦点等方面的转换，转换为另一个好解决的问题，可能问题就会迎刃而解。

拓展阅读 9-8

巧 算 容 积

爱迪生曾经交给他的助手阿普顿一项工作，计算一个梨形玻璃泡的容积。阿普顿一会儿测量，一会儿计算，忙了大半天依然无法得出结果。这时，爱迪生进来了，他看到阿普顿面前的一堆稿纸，立刻就明白了怎么回事。他把玻璃泡灌满水，交给阿普顿说："你把水倒入量杯，就知道结果了。"阿普顿豁然开朗。

上面的例子就是一个非常典型的问题转换案例，玻璃泡的容积，就是玻璃泡中水的体积，所以要知道玻璃泡的容积，只需要知道玻璃泡中水的体积就可以了，显然，水的体积可以很轻易地测量出来。

总体来说，将问题进行转换，主要包括以下几种情况。

- 问题主体的转换：将本来是这个人的问题，转换为另外一个人的问题。
- 问题类型的转换：将本来为这一类型的问题，转换为另外一个类型的问题。
- 问题层次的转换：将这一层次的问题，转移为上一层次或下一层次的问题。
- 问题情境的转换：将 A 情境中无法解决的问题转换到 B 情境中去。
- 问题对象的转换：如把自己的问题转换成别人的问题。
- 问题焦点的转换：将原来关注的焦点转换为原来不关注的另一个焦点。
- 问题方向的转换：将本来是这个方向的问题转换为另一个方向甚至完全相反方向的问题。

（八）用 W 型思维法解决问题

当遇到困难与问题时，应该百折不挠，不达目的誓不罢休。但在具体解决难题的过程中，并不是任何时候都要一味地往前冲，也要根据具体情况适时地进行调整与转变。

W 型思维法是一种以退为进、打破前进定势而主动退却的思维。能进，也能退，这才是一种大智慧。必要的后退，恰恰是为了更好地前进。

（九）去掉一切无关因素

在管理学中有个奥卡姆剃刀原理（Occam's Razor），这个原理称为"简单有效原理"。在实际生活中，其实有些因素并非考虑问题的必要条件，甚至反而是一种干扰。有一道非常经典的数学题："假设你是一位杂货店的店主，某天一位顾客来买东西，给了你100元的纸币买一瓶2元的水（水的进价为1元），但因为没有零钱，你只好去找邻居换零钱。客人走后，邻居过来找你，告诉你那张100元是假币，你只好换了张真的给了邻居。问：在这次交易过程中，你损失了多少钱？"这道题很多人做出了诸如102、198、202等答案，但实际上，如果运用奥卡姆剃刀原理来解答就非常简单了。邻居先付出100元，后来从店主手里拿回100元真币，在此过程中没有金钱损失，所以在运用奥卡姆剃刀原理时，可以不考虑找邻居换钱这个因素。接下来题目就简单了，顾客用假币买了东西，他带走的就是店主损失的，即"98元+一瓶水=99元"，这里有一个细节就是他带走的那瓶水，店主损失的是水的进货价，而不是零售价。

一道数学题就能看出奥卡姆剃刀原理的实用效果了，熟练地使用奥卡姆剃刀原理可以帮助大家快速地找准关键问题，进而轻松地解决问题。

深入思考

1. 如何应用三部九组二十七定位模型设计自己的大学生涯？

2. 如何为自己设计格局提升计划？

3. 如果自己穿越回古代，如何利用本章知识为自己的穿越人生做出统筹规划并走上人生巅峰？

推荐阅读

1. 刘润，2021. 底层逻辑：看清这个世界的底牌[M]. 北京：机械工业出版社.

2. 罗伯特·弗兰克，2008. 牛奶可乐经济学[M]. 闾佳，译. 北京：中国人民大学出版社.

第十章
走进大学生劳动实践

⚙ **学习目标**

1. 了解大学生劳动实践的主要内容。

2. 体悟大学生参与劳动实践的重要意义。

3. 积极参加生活性劳动实践和社会性劳动实践，养成崇尚劳动、热爱劳动、辛勤劳动、诚实劳动的劳动精神。

本章导读

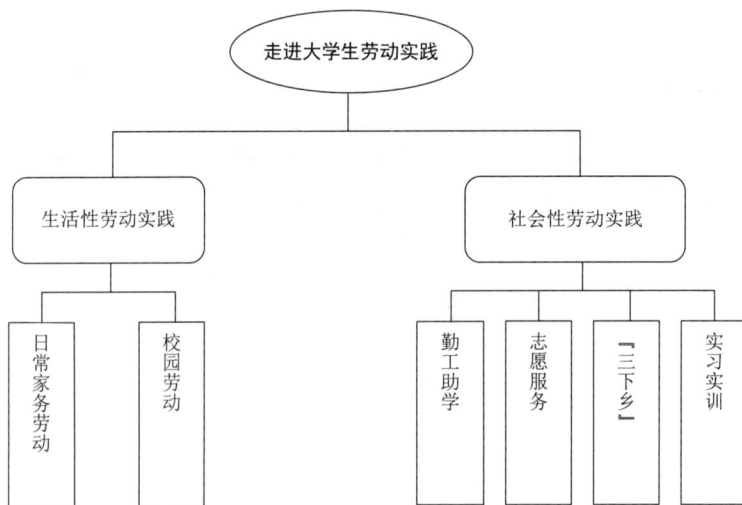

⊙问题导入⊙

打工妹问鼎世界冠军！一名"00 后"女孩的逆袭故事

2022 年 11 月 27 日，姜雨荷获得世界技能大赛特别赛化学实验室技术项目金牌，实现了我国该项目金牌"零"的突破。

姜雨荷，一名普通的河南南阳农村女孩，初中毕业后就外出打工，正常思维里，我们无论如何也不会把她同世界冠军联系起来，可她却用实际行动给了我们最精彩的回答：她不仅夺得了世界技能大赛特别赛化学实验室技术项目的金牌，还成为河南化工技师学院最年轻的教师。

如今，姜雨荷还在前进的路上继续努力奋斗着，发扬世赛精神、工匠精神，把大赛经历和训练经验分享给学生，让更多学生用技能实现人生梦想，用技能更好地回报国家与社会。

从来没有逆袭的天才，唯有奋斗不止的青春。

（资料来源：作者根据相关资料整理改编而成。）

思考：

1. "从来没有逆袭的天才，唯有奋斗不止的青春"，请结合自身经历谈谈你对这句话的理解。

2. 你认为作为一名当代大学生，应该如何提升自己的劳动能力呢？

3. 作为当代大学生，你了解或参加过哪些社会性的劳动实践活动？

第一节 ┃ 生活性劳动实践

我们的生活离不开劳动，因为物质财富和精神财富都要靠劳动去创造，劳动是人维持自我生存和自我发展的手段。如今，部分大学生很少参加劳动，导致自身的劳动观念淡化，不懂得珍惜劳动成果，这不利于大学生成长为德智体美劳全面发展的高素质人才。因此，家庭、学校和社会要协同加强当代大学生的劳动教育，增加大学生的劳动经历，注重日常生活性劳动锻炼，从而养成良好的劳动习惯。

一、日常家务劳动

日常家务劳动就是在家庭中开展的一种劳作形式，是家庭成员为了维持家庭生活而从事的一种无报酬的劳动。大学生参与的日常家务劳动主要包括两种：技能性家务劳动和审美性家务劳动。[①]

（一）技能性家务劳动

技能性家务劳动是指通过操作性技术技能，来改造生活资料以满足生活需要的劳动形式，如缝纫、维修、烹饪等。随着信息化时代的到来，日常家务劳动对于体力的需求强度也相对弱化了。例如，全自动洗衣机、扫地机器人和洗碗机等的出现，导致一些家务劳动不需要人们亲力亲为了，但前提是必须掌握这些智能工具的使用技能，也就是说对于技能的需求增强了。因此，这就要求我们学习掌握一些现代智能工具的工作原理，这样才能更好地发挥它们的功能来给我们的生活带来便利。

作为一名当代大学生，我们要努力做到既"上得了厅堂"，又"下得了厨房"，学会做基本的家常菜、家常主食，主动学会家庭的日常清洁和整理工作，在日常家务劳动过程中体会劳动带来的幸福感和满足感，知道保持一个家庭干净整洁的环境是需要很多付出和努力的，从而更加理解父母的辛苦，也更加珍惜劳动成果。

（二）审美性家务劳动

审美性家务劳动是在掌握基本劳动技能的基础上，积极主动地求改变，让劳动成果蕴含美的元素。举一个简单例子，室内的布艺窗帘破了一个洞，我们可以用一块布补丁给它缝上，这就属于技能性家务劳动。可是，如果觉得缝了普通补丁影响了窗帘的美观，那就可以发挥聪明才智，把补丁进行改造，把它设计成一朵小花或者卡通图片，这就是审美性家务劳动，这个过程虽然简单，但创造了美，让我们体会到了劳动之美的内涵。

从古至今，我们的现实生活中存在很多审美性劳动成果，如古代桌椅上的雕花、瓷器上的精美图案、鞋袜上的刺绣等，这些都是审美性劳动的结晶。审美性劳动不仅对人的技术能力提出了要求，还要求人们具有感知和想象等方面的能力，这样才能养成审美能力和创造美的能力。

拓展阅读 10-1

针线传神的"现代广绣大师"陈少芳

中国四大名绣之一的"广绣",作为濒临失传的优秀民间艺术,入选中国国务院公布的第一批"国家级非物质文化遗产"名录。陈少芳女士被誉为"现代广绣大师"。

陈少芳锲而不舍地投入广绣艺术的创作中,她在传统广绣优秀技艺的基础上,加入众多现代绘画艺术元素,开宗立派创出独具一格的"陈氏广绣",其炉火纯青的绣艺作品,为海内外博物馆和收藏家争相收藏。

陈少芳家的广绣展厅展示了数十幅她用数十年心血创作的广绣精品,包括荣获1982年"全国工艺美术百花赛"金杯奖的《晨曦》;获得1998年"广东省首届工艺美术名家名作展"金奖的《我爱小鸡群》和《马到功成》;2006年参加"全国非物质文化遗产展览"的《傲视群芳》等刺绣佳作。

陈少芳的广绣作品《我爱小鸡群》是最具特色的一幅,该作品用20多种颜色的绣线创作而成,1978年在北京全国工艺美术展览馆展出时,时任国家领导人邓小平同志在作品前驻足观赏了许久。

1994年,陈少芳成立了"广绣艺术研究所",从此开创了她个人创作广绣的新旅程。她巧妙地将中西绘画造型艺术原理运用到古老的传统刺绣艺术中,她根据需要表达的艺术意境,天马行空地创造出许多新的针法。

陈少芳取得的杰出艺术成就,是与她对广绣创作的热爱分不开的。1981年,她创作《晨曦》时,忘我工作到农历三十夜晚,同事们都回家过年了,她被锁在工厂里却全然不知。如今,花甲之年的陈少芳,只要不生病,每天从事广绣创作至少10小时。她每完成一件大作,通常都会大病一场,病好了之后,又投入下一件作品的创作之中。正是陈少芳这种对艺术创作的倾情投入和孜孜不倦的精神,使她创作出一件又一件广绣佳作。

(资料来源:作者根据相关资料整理改编而成。)

二、校园劳动

校园劳动是在校园内开展的一种劳作形式,大学生离开家后通过参加校园劳动可以锻炼自己的生活自理能力。因此,大学生不仅要认真学习劳动教育理论课程,还要积极参加学校劳动活动，做到理论联系实际，在实践中提升自身劳动能力。校园劳动可以培养大学生的主人翁意识，在参加校园劳动的过程中，能体会到劳动带来的美好体验。下面介绍的校园劳动包括宿舍卫生的整理与美化和校园垃圾分类与处理。

（一）宿舍卫生的整理与美化

宿舍卫生的整理与美化是大学生校园劳动的重要组成部分，良好的宿舍卫生环境会带给大学生温馨感与归属感，有利于大学生更好地生活与学习。

1. 宿舍卫生整理的意义

宿舍是大学生在校的主要生活场所，所以大学生应该积极进行宿舍卫生的整理与宿舍美化，营造出良好的宿舍环境。

首先，良好的宿舍环境可以使人心情愉悦、神清气爽，有助于更好地学习和生活，良好的宿舍环境会给大学生带来美好的大学生活体验，更好地去享受大学时光。

其次，宿舍作为大学生共同生活的空间，其环境状况既是每个成员个人生活习惯的集中体现，又会影响每个人生活习惯的养成。整理好宿舍卫生，这样既有利于学生形成良好的个人生活习惯，塑造积极向上、干净整洁的个人形象，也有利于学校创建文明校园。

最后，宿舍卫生的整理与美化可以培养学生的团队合作意识，增强大学生吃苦耐劳的精神，将"劳动最光荣、劳动最崇高、劳动最伟大、劳动最美丽"落实到行动实践中，使大学生更加理解劳动的不容易，更加珍惜劳动成果。

2. 积极争做宿舍美化的实践者

宿舍是大学生在校的重要生活场所，良好的宿舍环境会让人心情愉悦，有家的归属感，大学生应该手脑并用，打造出整洁美丽的宿舍环境。美化宿舍应遵循以下原则：首先，美化宿舍应以温馨舒适为主，宿舍是学生放松休息的地方，美化过程中重点烘托一种温馨舒适的氛围，让大学生有回宿舍犹如归家的温暖感；其次，美化宿舍可以凸显个性，但一定要做到大方得体，尝试从风格、色彩上去烘托一个静谧安静、书香飘逸的学习空间。

特色宿舍是美化宿舍的重要手段之一。特色宿舍就是在干净整洁的基础上按照不同的主题特色去布置宿舍。大学生在打造特色宿舍的过程中，首先，要充分考虑每个人的生活学习习惯、兴趣爱好、文化背景等因素，选择有共同基础但又能突出特色宿舍文化的主题，如学习型宿舍、运动型宿舍、环保型宿舍、国风型宿舍等；其次，确定好宿舍主题后，围绕主题对宿舍整体进行美化设计。宿舍美化是一种团队活动，所以每一位宿舍成员都应该积极参与其中，体会劳动带来的快乐和成就感。此外，作为大学生，更要有环保理念。在美化宿舍的过程中，要坚持节约用料，变废为宝。低碳、绿色不仅是当前社会的需求，也是青年一代的时尚风潮，理应成为大学生的生活理念。

拓展阅读 10-2

××学院大学生宿舍管理办法

（一）评比内容

1. 有鲜明的文化特色，积极参加科技、文体活动，展示自己的才艺技能，宿舍文化丰富多彩。

2. 有良好的道德修养，文明礼貌，诚实守信，遵守大学生行为规范和宿舍安全管理规定。

3. 内务规范，房间布置美观大方，格调健康高雅。

4. 卫生清洁，被褥叠放整齐，物品摆放有序。

（二）评比标准

1. 认真填写床位表（书写工整、完整）并贴在门玻璃中间：白天门窗玻璃严禁贴纸，不准悬挂门帘。

2. 室内墙壁、天花板无蜘蛛网，无灰尘，无脏迹，无乱刻、乱画、乱张贴物品。

3. 地面无杂物、积水、痰迹，清洁见本色。

4. 门窗、玻璃、镜面无脏迹，门内外无脚印、无球印，窗台、暖气片清洁无杂物。

5. 室内空气清新、无异味，卫生间干净整洁。

6. 被子清洁，叠成方块，放在远离门的床头一侧，床单、枕巾清洁平整，床上不得放其他物品。

7. 书籍、学习用品、生活用品清洁且摆放整齐。

8. 鞋子摆上鞋架，整洁有序。

9. 桌椅、书橱、杂物橱干净无尘土、毛巾摆放整齐，日光灯、风扇等要洁净。

10. 室内家具、设备放置整齐，不准擅自移动，不改变原有布局；椅子按规定位置摆放，不随意乱放。

11. 室内、阳台无垃圾堆积，无饮料瓶、酒瓶堆积，无衣物堆积，无个人物品乱放。

12. 不向窗、走廊泼水，不抛撒杂物、纸屑、垃圾包等物品，不向洗漱池乱倒剩饭、剩菜、垃圾等。

13. 室内及窗口护栏不准悬挂、搭晾衣物。

14. 按时起床，上课时间不滞留宿舍。

15. 不在宿舍内乱接网线、电话线等；宿舍内无使用大功率电器和私自拉接电线等违规现象。

16. 不在宿舍内饲养宠物；寝室内不存放麻将、管制刀具；无在宿舍内抽烟、喝酒等现象。

17. 宿舍成员无在公寓内经商等违规现象，无内盗现象，无打架斗殴现象。

18. 无校外住宿、留宿外人、晚归、夜不归宿的现象。

19. 无彻夜上网、打牌等影响他人休息的现象。

20. 宿舍无私自换锁、拒检等现象，无不服从管理人员管理、辱骂和妨碍执行公务现象。

评分原则：

1）以上诸条均达标者，评为"优秀"。

2）以上1～14条中有2条未达标且15～20条达标者，评为"合格"。

3）以上1～14条中有5条未达标或15～20条中有1条未达标者均评为"不合格"。

（三）组织实施

每月常规性检查评比。

1. 根据评比内容和评比标准进行检查评分，成绩分为"优秀""合格""不合格"三个档次。

2. 公寓管理中心组织教师和学生干部按照有关要求定期检查评比。每月对学生宿舍检查5次，其中公寓管理中心检查4次，院学生会宿管部检查1次。根据5次的检查结果依照评比标准确定成绩，于次月初公布上月检查评比结果。

3. 我院团总支、学生会组织学生干部每周检查一次，检查结果于次日公布。

学年度综合评定。

1. 根据每月常规性检查评比成绩进行综合评定，评定等级为"示范宿舍""优秀宿舍""合格宿舍""不合格宿舍"四个档次。

2. 对每月常规性检查评比成绩进行量化计分，"优秀""合格""不合格"分别按3分、2分、1分核算。每学年度按八个月进行量化累计，总分值为满分24分者定为"示范宿舍"；总分值20分（含20分）以上者定为"优秀宿舍"；总分值16分（含16分）以上者定为"合格宿舍"；低于16分者定为"不合格宿舍"。

3. 凡学年度内宿舍违章违纪而受到通报批评、处分或造成安全事故者，一律定为"不合格宿舍"。

（四）评定绩效

1. 学年度综合奖励评定等级为"示范宿舍""优秀宿舍"的，本院给予奖励。

2. 学年度综合评定等级为"不合格宿舍"的成员，取消校级及以上先进个人荣誉的评选资格。

3. 对获得"示范宿舍"的室长授予"优秀学生干部"称号。

本办法自公布之日起执行。

（二）校园垃圾分类与处理

校园是大学生聚集的地方，大学生的生活学习都在校园里进行，因此不可避免地会产生各种各样的垃圾，那么垃圾清理就成了校园必不可少的项目。其中，垃圾清理离不开垃圾分类，通过垃圾分类可以减少垃圾处置量，实现垃圾资源利用，改善生存环境质量。因此，作为一名在校大学生要切实领会垃圾分类的重要意义，知道垃圾分类的相关标准，从自身做起，积极做好校园垃圾分类，争做校园的绿色使者。

1. 垃圾分类的意义

垃圾分类不仅体现了人民对美好健康环境的追求，也体现了人民对美好生活的向往，垃圾分类是全社会共同关注的热点。参与垃圾分类具有以下重要意义。

1）垃圾分类可以减少占地。生活垃圾中有些物质不易降解，使土地受到严重侵蚀。同时，用于填埋和堆放的垃圾需要占用土地资源，燃烧垃圾会造成环境污染，且垃圾场都属于不可重复使用的土地资源，至少不能重新作为生活区被使用。垃圾分类能去掉可回收的、不易降解的物质，减少垃圾数量达 60%以上，从而节省了大量土地资源。

2）垃圾分类可以减少环境污染。我国现有的垃圾处理方式主要是填埋和焚烧两种。用填埋的方式处理垃圾，垃圾中废弃的电池含有金属汞、镉等有毒的物质，会对人类产生严重危害；埋在土壤中的废塑料会导致农作物减产等。焚烧垃圾会产生大量危害人体健康的有毒物质。在生活垃圾中，有许多是可循环利用的物品，如纸张等。如果能够做好垃圾分类，将可循环利用的物品进行单独处理，就能有效地减少由垃圾填埋和焚烧所造成的环境污染。

3）垃圾分类可以变废为宝，促进资源循环利用。国家推行生活垃圾分类处理，就是让放错了地方的资源回归到正确的位置。例如，将以易腐有机成分为主的厨房垃圾单独分类，为垃圾堆肥提供优质原料，生产出优质有机肥，有利于改善土壤肥力，减少化肥使用量。

4）垃圾分类可以提高民众的环保意识。垃圾分类让人们学会节约资源、利用资源，提高个人公德意识和公民素养，有助于公民转变思维，创新地利用一切可重复利用的资源，形成节约意识和创新意识。

学校作为人口密集的公共场所，涉及餐饮、快递等产生生活垃圾的重要环节，垃圾分类任务繁重、紧迫。因此，作为当代大学生应该从自身做起，积极做好日常垃圾分类，并主动投身到校园垃圾分类中去，为维护美好校园环境贡献自己的力量。

2. 垃圾分类的标准

2019 年 11 月 15 日，住房和城乡建设部发布了《生活垃圾分类标志》，生活垃圾的类别被调整为可回收物、有害垃圾、厨余垃圾和其他垃圾四个大类。

可回收物表示适宜回收利用的生活垃圾，包括纸类、塑料、金属、玻璃、织物等。有害垃圾是指对人体健康或者自然环境造成直接或者潜在危害的、需要特殊处理的生活废弃物，包括灯管、家用化学品、电池等。需要特别注意的是，过期化妆品属于有害垃圾，但盛放化妆品的盒子大多是玻璃或者塑料材质，这两种都属于可回收垃圾，投放时注意分开投放。厨余垃圾是指易腐烂的、含有机质的生活垃圾、餐厨垃圾和其他厨余垃圾等。其他垃圾是指危害比较小、无再次利用价值、难以腐烂变质的生活废弃物。例如，使用过的餐巾纸、卫生纸、尿不湿、烟蒂、废口香糖等。

3. 争做校园里的绿色使者

当代大学生要清醒地认识到保护生态环境的紧迫性和艰巨性，清醒地认识到加强生态文明建设的重要性和必要性，积极做绿色环保的践行者。

首先，树立绿色低碳环保意识。良好的生态环境就是生产力和社会财富，生态环境和经济社会发展是相辅相成的。作为一名当代大学生，要树立环保意识，争做环境保护的践行者。

其次，养成绿色低碳的习惯。绿色发展的理念需要每个人的实践，大学生要从小事做起，不买不必要的物品，不穿的衣物清洗干净后可以投放到衣物回收箱。出门带水杯、餐具，不使用一次性纸杯和餐具。在宿舍、教室要节约用水、用电。复印或打印资料时应尽量正反面打印，节省纸张。外出时应选择绿色出行方式。

最后，宣传绿色低碳的生活方式。绿色生活方式与每个人的生活息息相关，体现我们对绿色发展理念的认同感和践行力，对绿色发展和生态文明的最终实现具有关键作用。大学生不仅要积极参与绿色低碳校园的建设，而且要带动周围的同学养成绿色低碳的生活方式。

只要我们坚持从我做起、知行合一，就一定能换来蓝天常在、青山常在、绿水常在，一定能开创社会主义生态文明的新时代，赢得中华民族永续发展的美好未来。

第二节 ▏ 社会性劳动实践

社会性劳动实践是大学生劳动精神培养、劳动品格塑造、劳动情怀提升的关键环节，是提高大学生实践能力和综合素质的重要途径。大学生参与社会性劳动实践，是大学生认识社会、服务社会的一个重要内容。大学生通过参加勤工助学、志愿服务、"三下乡"、实习实训等多种实践方式，去接触生活、认识社会，培养批判性思维，增强社会责任感，努力成为一名对社会有用的高素质人才。

一、勤工助学

勤工助学活动是指学生在学校的组织下利用课余时间，通过劳动取得合法报酬，用于改善学习和生活条件的实践活动。

（一）勤工助学的特点

勤工助学最初出现在 20 世纪初期在我国高校中发起的勤工俭学，主要是针对一些家境贫寒的学生，他们通过勤工俭学获取必要的生活费，以此来减轻生活压力而完成学业。随着社会的发展和社会对高校人才需求的变化，越来越多的非贫困家庭学生将勤工助学作为自己增加社会实践经历、初步尝试就业的平台。这就使得传统的勤工助学在参与主体、参与人数、参与目的和参与方式等方面都发生了明显变化，主要体现在以下三方面。

1. 资助与自主相结合

勤工助学作为学校资助体系的重要组成部分，学校在岗位安排上会遵循优先帮助家庭困难学生的原则，让他们通过"勤工"达到"助学"的目的。同时，学校还会结合自愿申请原则，对一些非贫困家庭学生想通过参与勤工助学来增加实践锻炼的，学校也会为他们提供合适的岗位。

2. 报酬与体验相结合

大学生自愿报名参加的勤工助学活动是一种有偿劳动，通过勤工助学他们可以获得相应的报酬。但通过调查发现，现在越来越多参与勤工助学的大学生并不仅仅是为了获得劳动报酬，而是希望通过勤工助学岗位初步获得接触社会、了解社会的体验，增加自我社会实践经历，积累一定的从业经验。

3. 理论与实践相结合

随着高校教育环境的不断发展，学校为学生提供的勤工助学岗位趋向于多样化和专业化。学生更倾向于与自己专业相关的岗位，希望把自己的理论知识与岗位实践结合起来，在学以致用的同时更加深了对所学专业知识的理解。例如，枣庄学院的植物科学与技术专业、化学工程与工艺专业的学生可以被分别安排到农作物种植基地、化学实验室进行工作，在工作的同时既增长了专业知识，又掌握了相关技能。

（二）勤工助学的意义

勤工助学作为学校学生资助工作的重要组成部分，随着教育的发展，已经完成了从单一"经济资助"到"资助育人"功能的转变。勤工助学不仅是提高学生综合素质和资助家庭经济困难学生的有效途径，也是提高学生综合素质的有效平台，是高校不可替代的育人载体。

勤工助学具有以下三方面的重要意义。

1）勤工助学是建立在学生自愿原则上参加的有偿劳动，在不影响学生正常学习生活的情况下，利用课余时间参与的有偿社会性劳动，可以缓解学生家庭生活费及学费方面的经济压力。

2）勤工助学开展与多种专业技能和科学技术文化相关的劳动服务，旨在培养勤工助学学生的实践能力，引导他们在劳动中树立正确的劳动观念和自立精神。

3）勤工助学是高校实施素质教育，与企业密切合作，向社会培养输送德智体美劳全面发展人才的重要途径。因此，勤工助学不仅可以缓解学生家庭的经济压力，而且锻炼了学生的劳动实践能力，使他们树立积极向上、自立自强的劳动精神。

（三）勤工助学与大学生劳动

勤工助学活动作为学校育人的一种有效途径，能够有效地把教育和劳动实践结合起来，培养学生形成正确的劳动观念，提升学生的劳动能力。

1. 勤工助学有助于大学生艰苦奋斗精神的养成

常言道："逆境出伟人，困境造英才。"从古至今有太多白手起家的成功人士，他们通过自己的不懈努力和永不言弃的韧劲成就了一番事业。艰苦奋斗是中华民族的优良传统，新时代的大学生应该继续发扬艰苦奋斗的精神，树立正确的劳动观，珍惜劳动成果。勤工助学为大学生提供了很好的实践平台。在勤工助学岗位上，大学生通过劳动获取报酬，体验到劳动成果的来之不易，从而倍加珍惜。同时，还能不断审视自我的消费观，体会勤俭节约的重要性，做到理性消费。

2. 勤工助学有助于大学生自力更生品质的形成

大学生离开父母，开启了独立的大学生活，不应该再事事依靠父母，而是要独自去面对学习和生活，努力培养自力更生的品质。勤工助学就是一个很好的锻炼机会，大学生应该珍惜锻炼机会，通过辛勤劳动增强自己的自信心和自尊心，树立自力更生、回报社会的良好意识。

3. 勤工助学有助于大学生岗位专业技能的掌握

随着教育事业的不断发展，勤工助学已经由之前单一的"劳务型"向"智力型"转化，成为各大高校有效的育人途径，越来越多的岗位开始紧密联系专业知识进行设置。这样，一方面，大学生通过勤工助学岗位工作可以把所学的专业技能知识运用到实践中，在实践中加深对专业知识的理解，使专业知识进一步得到巩固；另一方面，大学生在参加勤工助学工作过程中会遇到一些书本上没有讲解的问题或暂时解决不了的难题，这样会促使大学生进行思考，激发其更深更广的求知欲，在解决实际问题的过程中挖掘创造潜能，使专业能力得到快速提升。

4. 勤工助学有助于大学生敬业职业素养的养成

勤工助学可以说是大学生职场初试。一方面，勤工助学岗位工作可以使大学生逐步了解工作行为和熟悉工作规范及要求，培养良好的职业行为习惯；另一方面，在勤工助学工作中大学生会接触不同的教师和不同的同学，既锻炼了大学生的沟通能力和人际交往能力，又让大学生提前体验到与职场相似的工作氛围。此外，大学生在勤工助学岗位工作，必须遵守工作规章制度、部门管理制度，还要注重穿衣搭配等，通过这一系列实际的锻炼，使大学生养成积极主动的工作态度、谦虚热情的工作作风和认真负责的敬业意识，这些都是将来走向工作岗位必备的职业素养。

二、志愿服务

（一）志愿服务概述

联合国教科文组织给"志愿服务"下的定义是：志愿服务是一种利他行为，是指人们在非私人的场合，在一段时间内自愿、不计报酬地为他人、为社会奉献自己的时间和专业知识，以帮助他人实现他们的所需。[①] 2017 年 8 月 22 日，国务院颁布《志愿服务条例》，其中第二条规定："本条例所称志愿服务，是指志愿者、志愿服务组织和其他组织自愿、无偿向社会或者他人提供的公益服务。"

当今社会中，志愿服务规模越来越大，形式也愈加多样化，产生的社会效益更加突出，是社会中一种积极的力量。志愿服务的内涵与特征主要包括以下三方面。

1）志愿服务是自愿和无偿的。志愿者参加志愿服务是自愿的，符合主观意愿的，而非被迫的。高校积极组织志愿活动不仅可以使大学生树立劳动光荣的意识，养成良好的劳动习惯，而且能够培养大学生的奉献精神和积极阳光的心态。但需要注意的是，自愿并不意味着可以不服从管理。例如，如果志愿者选择参加某个志愿服务组织，就必须遵守该组织的章程，承担该组织相应的义务。志愿服务是不求物质回报的无偿性服务。所以，志愿者参加志愿服务是没有劳动报酬的，志愿者本人也不以物质回报作为参加服务的目的，但根据服务岗位和实际需要，可以获得适当的交通、误餐和劳务费等补贴。但这些补贴并不是志愿者的劳动报酬，而是对志愿者参加志愿服务产生额外支出的补贴。

2）志愿服务的对象是社会或他人。例如，大学生利用课余时间去养老院、孤儿院参与志愿活动，利用寒暑假到偏远地区支教，这些志愿活动都是为他人服务、为社会奉献的。还有许多大学生在重大灾害面前冲锋陷阵，到最前线做志愿者，做勇敢的逆行者，这都体现了当代大学生的时代使命和责任担当。因此，每当提到志愿者，很多人脑海中就会浮现出一个无私奉献、乐于助人、不计报酬的良好形象。志愿者参与志愿服务就是为了帮助他人、服务社会，如果参加志愿服务的价值追求不是利他主义，那就不能称为

---

① 陈秋明，2018. 大学生志愿服务理论与实践[M]. 北京：商务印书馆.

志愿服务。

3）志愿服务的定位是公益服务。这正呼应了志愿服务的无偿性特征，志愿服务并不是针对具体的个人，而是为了社会的利益服务的。社区服务、支教助学、助老扶弱、环境保护等社会公益性活动都是志愿服务的活动形式。

（二）大学生参加志愿服务对自身发展的意义

"赠人玫瑰，手有余香"，大学生参加志愿服务活动不仅服务了社会和他人，而且在这一过程中使自我能力得到了提升、使自我思想境界得到了升华。实践证明，志愿服务是培养教育大学生的有效途径，是实践育人的重要载体。

大学生参加志愿服务不仅帮助了他人，而且对自身发展也有积极的意义，主要体现在以下几方面。

1）志愿服务活动可以提升大学生的思想道德水平。大学生参加志愿服务的过程中，通过给他人提供帮助，能够获得精神上的愉悦和心理上的成就感。所以，大学生参加志愿活动不仅使助人为乐的优秀品质内化于心，还能通过实践提升文明素养和思想道德水平。例如，大学生通过参加慰问孤寡老人志愿服务，会更加了解老年人的生活现状及精神状况，能更加有针对性地为老年人提供志愿服务，积极帮助老年人解决医疗保健、文化娱乐、心理咨询、生活照料、精神慰藉等实际困难，帮助他们提高生活质量，让老年人真切感受到社会的关爱，为构建和谐社会贡献自己的青春力量。同时，在这一志愿服务过程中，大学生也会更加自觉地去承担"老吾老以及人之老"的社会责任。

2）志愿服务活动可以让大学生走出校园去了解社会，提升自我实践能力。实践是检验真理的唯一标准。大学生只有走出校园，深入社会、了解社会，才能更好地在学校学习科学文化知识，才能在实践中得到验证和巩固，自身也才能真正得到锻炼。大学生通过参加志愿服务活动，深入社区、敬老院、孤儿院、福利院，可以了解社会弱势群体的生活状况。这些实践经历，有助于大学生建立实事求是的实践精神，进一步关注社会发展、关心人类进步。

（三）大学生志愿服务与劳动

党中央明确把志愿服务确立为劳动教育的途径之一，大学生参加志愿服务符合劳动教育的基本原则，同时有助于提升大学生自身劳动素养，养成良好的劳动习惯。

1. 参加志愿服务有利于大学生树立正确的劳动观

大学生参加志愿服务有利于树立劳动最光荣、劳动最崇高、劳动最伟大、劳动最美丽的观念。

1）有利于树立劳动最光荣的观念。大学生参与志愿服务旨在帮助他人、服务社会，用自身擅长的知识和技能去帮助他人，从这一乐于助人的过程中体会劳动的光荣。另外，大学生参与志愿服务活动，在实践中亲身感受劳动的艰辛，从而更加珍惜劳动成果，尊重劳动和劳动人民。

2）有利于树立劳动最崇高的观念。大学生在志愿服务过程中，为社会贡献了劳动价值，不计回报，使自身劳动视野和胸怀更加开阔。当看到他人因为自己的劳动而感到幸福和喜悦时，精神上会产生满足感，这是物质回报所不能带给志愿者的，这种不带功利心的志愿服务正是劳动最崇高观念的体现。

3）有利于树立劳动最伟大的观念。作为新时代的大学生，应该积极投身到志愿服务中去，把小我融入大我中，为构建社会主义和谐社会贡献自己的青春力量。在志愿服务活动过程中，大学生要主动承担社会责任，承担民族复兴的重任，这种劳动无疑是伟大的行为。

4）有利于树立劳动最美丽的观念。大学生在志愿服务活动中帮助了他人，助人者无私奉献，受助者感受到爱的温暖，这是一种爱的传递。此外，大学生在参加志愿服务活动中会结识志同道合的朋友，收获简单而美好的友谊。《增广贤文》中说："一花独放不是春，万紫千红春满园。"志同道合的志愿者汇聚成一股美好伟大的力量，从而促进社会更加文明发展。

2. 参加志愿服务有利于培养大学生的劳动精神

1）有利于培养勤俭的劳动精神。志愿服务的无偿性会使志愿者保持节俭的优良作风，并且志愿者提供志愿服务的初衷也不是为了获得报酬，这也反映了志愿者勤俭的精神。此外，受助者的行为也会影响志愿者，如志愿者到偏远山区支教，资源相对匮乏，经济条件较差，那么志愿者通过与受助者相处，更能体会到生活的不易，体会到赚钱的艰辛，从而形成勤俭的劳动精神。

2）有利于培养奋斗的劳动精神。志愿服务的效果也有好坏之分，优秀的志愿服务都是通过志愿者的奋斗实现的。志愿服务的过程充满辛苦、困难和挑战，因此志愿者都需要有奋斗精神，克服临阵脱逃的退却心理，通过不懈努力实现服务目标。同时，身边有一群志同道合的伙伴，大家互相激励、互相陪伴，为实现志愿服务目标而共同奋斗。

3）有利于培养创新的劳动精神。志愿服务过程中会出现很多不曾遇到的新情况、新问题，这就需要志愿者利用创造性思维去解决，从而培养创新的劳动精神。另外，通过参加志愿服务，大学生可以把自己的专业知识与实践结合起来，提升自己的专业能力，不断创新服务能力。

4）有利于培养奉献的劳动精神。"奉献"是志愿精神的首要内容。大学生在参加各类志愿服务的过程中，会不断激发自我奉献精神，越投入就越懂得以适当的方式付出爱心。目前，有很多大学生志愿者将志愿服务作为毕生的追求，在无偿奉献中创造价值。

3. 参加志愿服务有利于提高大学生的劳动技能

劳动是一种技能，劳动成效有好坏之分，在日常生活中我们会发现同一项劳动，不同的人会有不同的劳动效果，这就说明劳动技能有高低之分。若想收获高质量的劳动成果，就需要在实践中不断地提升自身的劳动技能。

大学生参加志愿服务的过程正是提升自我劳动技能的过程。例如，大学生当奥运会志愿者，就需要接受严格的专业培训，学习志愿服务过程中的沟通、礼仪、心理调适等。大学生参加支教助学志愿服务就要接受岗前培训，丰富自我知识储备和提高教学能力，还要学习当地的文化习俗，以便更好地适应教学环境。总之，大学生通过一次次的志愿活动，通过反复的自我实践，会不断地总结经验，不断地提升自我劳动技能。

拓展阅读 10-3

聚力援疆支教　勇于担当作为

"加强中华民族大团结，长远和根本的是增强文化认同，建设各民族共有精神家园，积极培养中华民族共同体意识。文化认同是最深层次的认同，是民族团结之根，民族和睦之魂。"新时代，在新疆积极开展国家通用语言支教工作，有助于促进边疆基础教育教学的发展，有助于弘扬中华优秀传统文化，构筑中华民族共有精神家园，推动中华民族形成凝聚力更强、包容性更大的命运共同体，有助于不断促进各民族交往交流交融，不断增强边疆各族人民对伟大祖国、中华民族、中华文化、中国共产党、中国特色社会主义的认同。

为深入贯彻落实习近平新时代中国特色社会主义思想和党的十九大精神，2018年8月、2019年2月，枣庄学院党委先后选派411名师生，组建两批援疆国家通用语言支教团，远赴喀什开展国家通用语言教育教学，以实际行动弘扬了爱国奉献精神，践行了枣庄学院"兼爱、尚贤、博物、戴行"的校训，谱写了新时代我国民族团结进步事业的生动篇章，为实现"中华民族一家亲，同心共筑中国梦"贡献了力量。

一、高度重视以政治责任感和使命感对待支教工作

学校党委充分认识到新疆国家通用语言支教工作的重要性和紧迫性，专门成立

由党委书记任组长的工作领导小组，印发《关于印发〈枣庄学院对口援助喀什三县2018年下半年国语实习支教大学生招募工作实施方案〉的通知》，并多次召开党委会、校长办公会等会议，对援疆支教工作进行专题研究、协调、部署，先后筹集100多万元专项资金，用于往返差旅支出和支教师生的生活补助，给支教师生的工作生活提供了有力保障，确保了支教工作的顺利开展。

强化思想政治工作，增强师生赴疆支教的使命意识和奉献精神。在赴疆之前，校党委与支教团进行了集体谈话并召开誓师大会，使支教师生提高政治站位，树牢"四个意识"，认识到支教工作是全面贯彻落实党的十九大、第二次中央新疆工作座谈会和第六次全国对口援疆工作会议精神的具体实践，关系到新疆的社会稳定和长治久安，关系到我国的民族团结进步事业。

加强前期调研和过程督导，保证援疆支教工作顺利开展。支教团赴新疆之前，学校领导专程赴喀什地区进行实地调研，考察疏勒县第一中学、疏勒县镇泰小学、疏勒县实验学校及集中住宿点翰林世家小区，对接支教工作的相关事项。支教团赴新疆时，学校领导前去送行。支教期间，学校领导带领相关二级学院党总支书记，前往教学点和宿舍进行督导和慰问。支教团完成支教任务离开新疆前夕，校领导前往迎接并参加现场总结表彰大会，见证支教师生获得的赞誉和殊荣。

二、严密组织确保支教工作平稳有序开展

广泛宣传发动，严格考核选拔。学校党委积极响应中央号召，根据山东省教育部门相关通知要求，利用报纸、广播、网站、微博、微信、QQ等传播手段，做好援疆支教宣传工作，营造出全校师生共同关注、全力支持、积极参与援疆支教工作的良好氛围。广大青年师生积极踊跃报名，学校经过层层选拔，最终从参加报名的学生中选出政治上积极进步、学业上成绩优秀的学生；从报名教师中选出政治素质高、业务能力强的带队教师，组建成规模大、结构优、能力强的支教团队。

创新管理模式，严格组织纪律。在喀什支教的过程中，支教团创新管理模式，实行团、连、排、班四级管理，同时成立学生委员会，分设办公室、宣传部、纪检部、生活部四个部门，形成四纵四横的网格化管理模式，确保了支教工作的体系化、制度化、规范化和程序化。支教团自主创作枣庄学院支教团团歌，设计支教团团徽，有力增强了团队的凝聚力和战斗力，为高质量完成支教工作提供了有力保障。印制下发支教学生手册，详细制定考勤制度、纪律条例、公寓管理条例、预防疾病管理条例、应急事件处理预案等相关制度。支教团每月出一期工作简报，师生每周写一篇工作周记，总结支教工作和生活中的心得体会，分享好的经验与做法。

三、多措并举着力提高教育教学质量

搞好支教培训，提升教育教学能力。为提高支教团成员教学技能，尽快适应支教工作，学校在支教团出征前开展分散和集中两个阶段培训。分散培训由学生所在二级学院进行，集中培训由教务处牵头进行专项教育。培训内容涉及教师教育课程、模拟试讲、教学管理培训、班主任工作方法、思想政治教育、相关法律法规民族宗教习俗知识、安全知识、实习支教纪律等诸多方面。

精心备课上课，定期开展教研活动。根据边疆教材特点及少数民族学生实际，支教团师生认真充分备课，精心设计教案，努力上好每堂课。为提高教学效果，支教团定期开展教研活动，进行集体备课、听课评课、教案研讨、示范授课、督导检查等教研内容，解决支教师生在教学过程中遇到的困难和问题，不断提高教学质量和教学水平。

坚持教书和育人相统一，着重培育家国情怀。教师是人类灵魂的工程师，承担神圣使命，要努力成为先进思想文化的传播者、中国共产党执政的坚定支持者，更好地担起学生健康成长的指导者和引路人的责任。支教团成员坚守政治责任，在出色完成繁重教学任务的同时，积极做祖国统一和民族团结的坚定维护者与宣传者，着重加强学生国家观、民族观的培养，引导学生热爱党、热爱祖国，听党话、跟党走、感恩党。

四、融入当地做大美新疆的建设者

发挥自身优势，助力当地校园管理与文化建设。支教团成员以受援学校为家，把当地学生视为一家人，在授课之余积极投身于所在学校的校园管理和文化建设。支教团成员或者主动担当班主任、参与班级管理，或者担任图书管理员、参与图书档案和文献资料整理，有效提升了支教学校管理水平与服务能力。组建合唱团、篮球队、小画家等兴趣社团，培养学生的音体美技能，促进了学生全面发展。制作板报、墙绘和宣传画，丰富了学生文化生活。支教团还主动捐款，购买书包、铅笔盒、练习本、铅笔、篮球、跳绳等学习和体育用品，捐赠给巴仁乡的贫困学生，以实际行动践行了民族感情传播者、民族团结促进者的神圣使命。

深入调查研究，积极建言献策。支教团教师主动融入当地教育事业，利用业余时间开展了主旨为"喀什地区国家通用语言教学现状与推进策略"的调查研究，对在新疆地区开展国家通用语言实习支教的意义、国家通用语言教学的现状、影响国家通用语言教学的因素等进行了深入调研和系统分析，提出了提高民族地区国家通用语言水平的若干对策和建议，为持续推进国家通用语言实习支教和提高民族地区

国家通用语言教学水平提供了宝贵借鉴。

五、桃李满疆彰显新时代担当奉献风采

2019 年 1 月 13 日，枣庄学院首批赴新疆喀什支教的 206 名师生圆满完成支教任务返回学校。自支教工作开展以来，支教师生以高度的政治责任感、强烈的家国情怀和过硬的业务水平，牢记使命，扎实工作，以出色成绩赢得了受援学校、媒体、当地及上级教育主管部门的一致认可和普遍赞誉。疏勒县实验学校、疏勒县第二小学、巴仁乡 14 村小学、巴仁乡教育党总支等为枣庄学院赠送了"无私援疆、爱心助教，雪中送炭、冬里暖阳""爱心浇灌，桃李满疆""用真情奉献新疆教育，用青春贡献自己力量""育人明德，兼爱赴疆"等锦旗。学校首批 202 名支教学生和 4 名带队教师分别被山东省援疆工作指挥部、喀什地区教育部门评为支教优秀带队教师和支教优秀大学生。《人民日报》、山东电视台、疏勒电视台等多家媒体对支教团工作进行了专题报道。

其间，国家教育部门教师工作机构负责人调研援疆支教工作时指出，枣庄学院援疆支教团规模大、管理严、作风硬、工作实、成效好，充分体现了枣庄学院党委的使命担当，展现了枣庄学院师生的社会责任感和奉献精神，检验了学校"立德树人"教育教学效果，树立了国家通用语言支教典范，形成了宝贵经验，值得其他学校学习借鉴。

不忘初心再出发，牢记使命谱新篇。《中国教育现代化 2035》的印发，强调"提升民族教育发展水平"。援疆支教是一场接力赛，我们要一棒接着一棒跑下去，争取每一棒都跑出一个好成绩。3 月 4 日，山东大学生援疆实习支教师生欢送仪式在枣庄学院隆重举行，国家教育部门教师工作机构、山东省援疆指挥部和山东省教育部门领导参会并为支教师生送行。目前，枣庄学院第二批支教团 205 名师生已经踏上援疆征途，他们表示：一定认真学习贯彻习近平新时代中国特色社会主义思想，紧扣铸牢中华民族共同体意识这条主线，以实际行动为推进新疆教育事业和民族团结进步事业发展贡献自己的青春和力量！

（资料来源：曹胜强，李东，2019. 聚力援疆支教 勇于担当作为[N]. 中国教育报，2019-03-06（4）.）

三、"三下乡"

（一）"三下乡"活动概述

20 世纪 80 年代初，团中央首次号召全国大学生在暑期开展"三下乡"社会实践活动。1996 年 12 月，中共中央宣传部、国家科委、农业部、文化部等十部委联合下发《关于开展文化科技卫生"三下乡"活动的通知》，通知明确指出，要提升农村服务的三个方面，即文化、科技与卫生，简称"三下乡"。1997 年起，中央宣传部等其他部委联合推动开展了文化、科技、卫生"三下乡"活动，并规定每年暑期组织开展大中专学生志愿者"三下乡"社会实践活动。其中，文化下乡包括：图书、报刊下乡，送戏下乡，电影、电视下乡，开展群众性文化活动；科技下乡包括：科技人员下乡，科技信息下乡，开展科普活动；卫生下乡包括：医务人员下乡，扶持乡村卫生组织，培训农村卫生人员，参与和推动当地合作医疗事业发展。

在 20 多年的发展创新中，"三下乡"实践活动与时俱进，形成了多个具有社会影响力和品牌美誉度的实践项目，如理论普及宣讲、科技支农帮扶、教育关爱服务、文化艺术服务、爱心医疗服务等。通过"三下乡"活动，不仅促进了农村文化、科技与卫生事业的繁荣发展，也使得大学生更加了解中国国情，丰富自己的人生经历，提升自身素质，为建设社会主义新农村贡献自己的青春力量。大学生"三下乡"活动充分发挥了教育的社会功能，将教育与经济、政治、文化有效地结合起来，为国家培养高质量人才。

（二）"三下乡"活动的形式和基本类型

根据参与人数不同，"三下乡"活动的具体形式主要分为团队实践活动和个人实践活动两种。

团队实践活动是指学生根据共同的兴趣爱好或者围绕同一主题以团队形式展开的"三下乡"社会实践活动。团队实践活动有明显的优点，如大家在团队中可以群策群力、优势互补，从而易于形成质量较高的实践成果。

个人实践活动是指学生以个人的形式参与"三下乡"活动。例如，有学生选择去农村支教。个人实践活动的优点在于主题选择灵活性强、成本较低，可以及时进行调整和安排，但也存在一定的安全隐患。所以，以个人形式参加实践活动的学生一定要提高安全意识，做好安全防范。

"三下乡"基本类型主要可以分为考察调研、公益服务和职业发展[①]。

大学生亲自走进农村或社区，通过观察、调查了解农村或社区的真实情况，对收集到的相关资料进行整理、分析和研究，进而得出某种结论的实践活动就是考察调研类型的"三下乡"活动。通过参加考察调研类型的"三下乡"活动，大学生可以深入基层，走到群众中去，了解农村和社区的发展状况，开阔视野，增长见识，促进自身的全面发

---

① 孙家学，耿艳丽，邵珠平，2021. 新时代高校劳动教育通论[M]. 北京：高等教育出版社.

展。另外，这样的实践活动可以激发大学生毕业后服务乡村、振兴乡村的使命感。

在寒暑假等节假日时，一些专业的大学生会走进相对落后、资源相对匮乏的乡镇，利用自己所掌握的专业知识来帮助他们开展一些自身擅长的服务工作，这就是公益服务类型的"三下乡"。例如，金融专业的大学生会到金融体系发展比较落后的乡镇，给人们科普基本的金融知识，如存款保险制度、理财产品、惠农贷款项目、防电信诈骗等，为乡村的金融发展贡献自己的一份力量。

现在越来越多的乡镇企业发展迅速，带动了一方经济，大学生可以根据自己所学的专业知识或者职业规划，到乡镇企业进行学习参观或实习锻炼，来提升自身的职业素养，这类实践活动就是职业发展类型的"三下乡"。

（三）大学生参加"三下乡"活动的意义

大学生参加"三下乡"活动实践不仅是高校反哺地区、关注地区发展的组成部分，更是基于地域文化特性，帮助大学生了解地域民俗的途径。从大学生自身的角度来讲，从地域乡村的文化民俗与劳动生产，对中国乡土文化与基层生活有了实质性、实践性的理解。从大学生专业角度来讲，参与农村建设、产业发展、文化振兴，对于大学生的专业实践与专业能力都是一次真实的检验。

大学生参加"三下乡"活动实践的意义主要表现在以下三方面。

1. 文化思想建设，助力乡村乡风文明与文化振兴

大学生作为新兴文化的传播者，是助力乡村文化振兴的重要保障。大学生文化知识的积淀、社会生活观念与文化素养等，是代表新的文化发展与社会发展的重要标志。大学生在"三下乡"的劳动实践过程中，以乡风民俗作为参照，结合国家社会发展文明公约，从地区文化因子考量，构建具有独特乡风民俗文化的乡风建设，是乡村文化振兴的关键。

2. 科学技术的推广，推进乡村产业振兴

大学生在"三下乡"实践活动中可以通过专业优势，帮助农民有效地推进农业科技发展。根据大学生专业属性的不同，基于乡村产业发展的特点，定向地输送相关大学生下乡，以学生所学专业的优势对接产业发展中遇到的困境及技术问题。以专业对接产业，可以有效地帮助乡村解决在农业、牧业、种植业等相关产业发展中的诸多问题。

3. 卫生安全宣传，推进乡村健康文化建设

大学生可以通过送医送药下乡、义务诊疗、环境指标测量等方式，对地区村落进行

卫生安全宣传。对存在隐患的生活卫生安全与自然环境等潜在问题进行卫生健康宣传，从而使农民关注了解医疗卫生健康知识。基于乡村看病难、看病贵的因素，大学生要及时宣传政府政策，如新农合医疗政策，并从方便村民理解的角度，不断加大国家对于医疗医保政策的宣传与解读。

大学生参加"三下乡"活动实践，不仅是作为一名服务者，更是作为高校、政府的宣传队，是基于乡村振兴发展的国家发展政策，是对乡村文化、产业及民生的解读者与建设者。所以，关注国家形势与政策，关注国家"三农"文件与最新惠农法律法规，是大学生"三下乡"最基本的要求，也是乡村发展关键的一环。

拓展阅读 10-4

枣庄学院荣获"镜头中的三下乡"全国优秀组织单位

2020 年 11 月 23 日，由团中央主办、中国青年报、中国青年网承办的 2020 年全国大中专学生志愿者暑期"三下乡"社会实践"镜头中的三下乡"成果遴选公布，枣庄学院荣获"高校优秀组织奖"荣誉称号。

2020 年暑期，枣庄学院校团委根据上级有关安排，以"小我融入大我 青春献给祖国 助力脱贫攻坚 投身强国伟业"为主题，将"三下乡"社会实践活动与"脱贫攻坚"有机结合，组建了 23 个重点团队，组织动员广大青年志愿者开展形式多样的"返家乡"社会实践活动。结合疫情防控工作实际，各学院积极探索"互联网+社会实践"新模式，通过线上线下相结合的方式，采取"云组队""云调研""云访谈"进行实践，育人效果显著，实践效果丰硕。

四、实习实训

实习是指学生在工作岗位上、在工作中学习，更适合以动手操作为主的职业训练。实训是指"实习（践）"加"培训"，融合传统课堂教学和定岗实习的优势，通过模拟实际工作环境，用来自真实工作的实际案例进行教学。大学生通过实习实训能够在短时间内提升实践经验、专业技能和团队协作能力等。

（一）实习实训的目的

实习实训有利于高校应用型人才的培养，也有利于学生专业理论知识和社会生产实践的紧密结合，用理论知识指导实践，在实践中巩固丰富理论知识。大学生通过参加实习实训不仅能够提高自身的实践能力，还可以提前体验职场工作，为将来走上工作岗位做准备。

实习实训的目的包括以下两个方面。一方面，从大学生的角度出发，实习实训是为了提升大学生的专业素养和职业素养。大学生通过参加实习实训活动，可以把自己的专业理论知识运用到实践中去，遇到问题和解决问题的过程又可以丰富巩固自己的专业理论知识，两者相辅相成。大学生在实践过程中不仅提升了自我的专业素质，还加强了自我的职业素养，提前体验职场工作，为将来择业就业做准备。另一方面，从高校培养人才的角度，实习实训是为了培养当下行业产业需要的应用型人才。高校通过校企合作组织的实习实训，有针对性、有目的性地锻炼学生的相关岗位实践能力，不仅可以让大学生提前了解岗位工作内容、锻炼岗位工作能力，还可以有针对性地去培养企业当下需要的岗位人才，这样就把实践和就业联系起来，把课堂教学和行业产业联系起来。

（二）实习实训与大学生劳动

实习实训作为高校课堂教学的延伸，为大学生提供了丰富多样的实践机会，是大学生提升劳动能力、掌握劳动技能的重要渠道，为将来走向工作岗位奠定了基础。此外，实习实训是一种劳动实践活动，大学生在参与过程中，可以切身感受新时代下劳动条件与技术的发展，感悟劳动的价值，通过劳动获得的成就感，形成正确的劳动观。

1. 实习实训有利于提高大学生的劳动热情

李大钊曾说："我觉得人生求乐的方法，最好莫过于劳动。一切乐境，都可由劳动得来；一切苦境，都可由劳动解脱。"高尔基曾说："劳动是世界上一切欢乐和美好事情的源泉。"劳动带给参与者的远不只是有限的成果，更是一种精神上的愉悦、幸福感和成就感。大学生在参与实习实训的过程中，对于专业知识和专业技能的掌握由简单到复杂，由生疏到熟练，通过完成一项项实习实训任务，体验手脑并用的劳动过程，感受任务完成获得的成就感，提升自我的劳动热情，这样更有利于激发自我劳动的潜能和创造力，勇于接受实践中的挑战，积极找寻解决问题的方法。

2. 实习实训有利于深化大学生对劳动价值观的认识

劳动价值观是马克思的基本观点。马克思认为：劳动不仅是谋生的手段，更是通向客观世界与主观世界的媒介，也是实现人性至美至善、彻底自由的必由之路。只有对劳动价值观有正确认识的人，才能积极投入劳动并能从中享受劳动带来的快乐。但在现实中，有好多学生不愿意劳动，甚至不会劳动，片面地认为劳动是苦力活，忽视了学习也是一种劳动。劳动的形式是多种多样的，实习实训就是劳动实践的一种形式，为大学生塑造劳动品格、端正劳动态度提供了锻炼平台。大学生在实习实训过程中，通过自己去实践，可以深切体会劳动创造价值的伟大，从而能够尊重劳动、尊重劳动者，在潜移默化中形成热爱劳动、崇尚劳动、尊重劳动的劳动价值观。

3. 实习实训有利于培育大学生的职业素养

职业素养是劳动者对社会职业了解与适应的一种综合体现，主要体现在：职业信念、职业行为习惯及职业知识技能。在大学期间注重培养职业素养的大学生，毕业后会更加受到企业的青睐，也能够更快地适应职场生活。职业素养是可以通过实践培训获得的，实习实训就为大学生培育职业素养提供了机会和平台。

1）大学生通过参加实习实训可以增强岗位责任意识。大学生毕业参加工作后，绝大多数需要从基层岗位工作做起，脚踏实地地把普通工作做好。爱岗敬业、兢兢业业既是一种岗位职责，更是一种可贵的职业信念。要增强岗位责任意识，就要深入生产一线去实践，只有这样才能增强大学生的岗位责任感。

2）大学生通过参加实习实训可以养成良好的职业行为习惯。实习实训环境就是真实的职场环境，大学生需要遵守企业的规章制度，熟悉业务知识，具备良好的沟通协调能力，可以提前让大学生对职场有所认知和感悟。这样有利于大学生客观规划自己的职业选择，避免好高骛远，在步入工作岗位后，能够更快融入职场工作中。大学生在实习实训过程中，通过与工人师傅、技术人员的沟通交流，可以学习他们身上勤奋刻苦的优秀品质和敬业奉献的良好作风。

3）大学生通过参加实习实训可以加深对职业知识和职业技能的学习与运用。"纸上得来终觉浅，绝知此事要躬行"，理论知识和实践能力是相辅相成、相互促进的。在实践过程中，会遇到各种各样的问题，通过解决问题并思考总结经验规律，可以指导今后的实践，这样的理论知识和实践能力就会不断增强。实习实训是一个非常好的锻炼平台，大学生可以获得锻炼和试错的机会，尝试运用书本理论知识去指导实践，在实践中会发现自我理论知识的欠缺，进而督促自己加强相关理论知识的学习，从而再次验证和指导实践。

（三）校企协同创新模式下的实习实训

从 2014 年开始，教育部高等教育司面向企业征集合作项目，目的是进一步深化产教融合、产学合作和协同育人，同时汇聚企业资源来支持高校专业综合改革和创新创业教育。校企合作创新模式下的实习实训教学体系，既可以全面提高大学生的专业素质和职业素养，又能满足企业对于技能型高素质人才的需求。

校企合作创新模式下的实习实训形式主要包括以下三种。①学校专业与地区产业直接对接的实习实训形式。学校根据地区产业结构调整和产业升级需要，开展专业规划。简单来说，就是"有什么样的产业就设置什么样的专业"。②学校课程内容与企业岗位直接对接的实习实训形式。学校方面通过对行业、企业的走访了解，以及对毕业生就业情况进行问卷调查等形式，了解目前企业岗位的人才需求状况，学校课程设置与企业需求无缝对接，在满足企业需求的同时也促进了学生就业。③学校教学过程与企业实习过程直接对接的实习实训形式。学校聘请企业人员进入学校担任指导教师，这些指导教师有丰富的实践经验，不仅能让学生学习到理论知识，还能为学生提供直接进入企业参观学习的实习机会。

综上所述，不断加强校企合作创新模式下的实习实训教学环节，将学校的理论知识与企业实习实训的实践知识相结合，不仅能调动学生学习的积极性、主动性和参与性，还能让学生在实习实训期间掌握一定的专业技能，积累相关工作经验，提高工作能力，为今后的就业提前做好准备。

🌀 深入思考

1. 大学生参加志愿服务的途径有哪些？

2. 请思考如何撰写一份实习报告？

3. 大学生通过劳动实践，能提高自己哪些方面的能力？

📖 推荐阅读

1. 韩剑颖，2021. 大学生劳动教育教程[M]. 北京：清华大学出版社.

2. 陈国维，2020. 大学生劳动教育[M]. 北京：高等教育出版社.

3. 赵鑫全，张勇，2020. 新时代大学生劳动教育[M]. 北京：机械工业出版社.

4. 冯喜成，向松林，2021. 新时代劳动教育理论与实践教程[M]. 北京：首都师范大学出版社.

5. 孙家学，耿艳丽，邵珠平，2021. 新时代高校劳动教育通论[M]. 北京：高等教育出版社.

6. 刘丽红，罗俊，黄海军，2022. 大学生劳动教育[M]. 北京：新华出版社.

参 考 文 献

北京师联教育科学研究所，2006．蔡元培"健全人格"教育思想与教育论著选读：第四辑第 16 卷[M]．北京：中国环境科学出版社．

陈国维，2020．大学生劳动教育[M]．北京：高等教育出版社．

陈洪源，陈焕红，2021．从职业道德角度看工匠精神践行[EB/OL]．（2021-08-25）[2023-09-20]．http://www.jyb.cn/rmtzgjyb/202108/t20210825_615137.html．

陈秋明，2018．大学生志愿服务理论与实践[M]．北京：商务印书馆．

陈炎，2002．陈炎自选集[M]．桂林：广西师范大学出版社．

邓小平，1994．邓小平文选[M]．北京：人民出版社．

E.A. 里格利，俞金尧，2006．探问工业革命[J]．世界历史（2）：61-77．

方勇，2015．墨子[M]．北京：中华书局．

方勇，2015．庄子[M]．北京：中华书局．

冯喜成，向松林，2021．新时代劳动教育理论与实践教程[M]．北京：首都师范大学出版社．

高华平，2022．墨家远源考论：先秦墨家与上古的氏族、部落及国家[J]．文史哲（3）：105-123．

郭海龙，2018．研究生劳动价值观教育研究[M]．成都：西南交通大学出版社．

韩剑颖，2021．大学生劳动教育教程[M]．北京：清华大学出版社．

汉娜·阿伦特，1999．人的条件[M]．竺乾威，等译．上海：上海人民出版社．

胡君进，檀传宝，2018．马克思主义的劳动价值观与劳动教育观：经典文献的研析[J]．教育研究（5）：9-15，26．

金碚，2015．世界工业革命的缘起、历程与趋势[J]．南京政治学院学报，31（1）：41-49．

卡尔·马克思，弗里德里希·恩格斯，1995．马克思恩格斯选集[M]．中共中央马克思恩格斯列宁斯大林著作编译局，编译．北京：人民出版社．

卡尔·马克思，弗里德里希·恩格斯，2009．马克思恩格斯文集[M]．中共中央马克思恩格斯列宁斯大林著作编译局，编译．北京：人民出版社．

卡尔·马克思，弗里德里希·恩格斯，2012．马克思恩格斯选集[M]．中共中央马克思恩格斯列宁斯大林著作编译局，编译．北京：人民出版社．

李建国，刘芳，2019．建国 70 年来劳模精神的发展演变、理论诠释及新时代价值[J]．学习与实践（9）：14-24．

李立新，2004．中国设计艺术史论[M]．天津：天津人民出版社．

李睿祎，2021．"三个精神"的时代价值[EB/OL]．（2021-10-02）[2023-09-20]．http://www.qstheory.cn/qshyjx/2021/10/02/c_1127925581.htm．

李约瑟，1990．中国科学技术史：第一卷　导论[M]．王铃，协助．北京：科学出版社．

刘敬余，2020．中国民间故事[M]．北京：北京教育出版社．

刘丽红，罗俊，黄海军，2022．大学生劳动教育[M]．北京：新华出版社．

刘润，2021．底层逻辑：看清这个世界的底牌[M]．北京：机械工业出版社．

刘燕，程静，2022．劳模精神、劳动精神、工匠精神融入高职思政课教学实践研究[J]．教育与职业（2）：85-90．

路丙辉，徐益亮，2022．劳模精神的生成逻辑与时代价值[J]．道德与文明（1）：39-48．

罗伯特·弗兰克，2008．牛奶可乐经济学[M]．闾佳，译．北京：中国人民大学出版社．

罗建晖，高廷璧，2020．引导学生树立马克思主义劳动观是新时代高校劳动教育的重要使命任务[J]．北京教育（德育）（4）：45-47．

马志霞，黄朝霞，2021．新时代大学生劳动教育的价值意蕴、核心内容及实践策略[J]．中国大学教学（10）：60-66，78.

潘天波，2018.《考工记》与中华工匠精神的核心基因[J]．民族艺术（4）：47-53.

潘维琴，王忠诚，2021．劳动教育与实践[M]．北京：机械工业出版社.

庞朴，2008．中国文化十一讲[M]．北京：中华书局.

苏霍姆林斯基，2019．苏霍姆林斯基论劳动教育[M]．萧勇，杜殿坤，译，北京：教育科学出版社.

孙家学，耿艳丽，邵珠平，2021．新时代高校劳动教育通论[M]．北京：高等教育出版社.

孙诒让，2015．周礼正义[M]．汪少华，整理．北京：中华书局.

檀传宝，2020．劳动教育论要：现实畸变与起点回归[M]．北京：北京师范大学出版社.

陶行知，等，1988．生活教育文选[M]．成都：四川教育出版社.

汪萍，2020．高校劳动教育的发展历程、基本经验与进路选择[J]．黑龙江高教研究（12）：12-16.

王东虓，袁雅莎，梁皓，2020．新时代职业道德建设读本[M]．北京：中国言实出版社.

王桂芝，2017．实践的历史性与马克思主义哲学的实践性[J]．人民论坛（11）：118-119.

王学荣，张良仁，谷飞，1998．河南偃师商城东北隅发掘简报[J]．考古（6）：1-8.

习近平，2016．习近平：在知识分子、劳动模范、青年代表座谈会上的讲话（2016年4月26日）[N].人民日报，2016-04-30（2）.

习近平，2017．习近平：决胜全面建成小康社会　夺取新时代中国特色社会主义伟大胜利：在中国共产党第十九次全国代表大会上的报告[EB/OL].（2017-10-18）[2023-09-20]. https://www.ccps.gov.cn/xxsxk/zyls/201812/t20181216_125667.shtml.

习近平，2018．在北京大学师生座谈会上的讲话[M]．北京：人民出版社.

习近平，2019．习近平谈劳动：最光荣、最崇高、最伟大、最美丽[EB/OL].（2019-05-01）[2023-09-20]. http://cpc.people.com.cn/n1/ 2019/0501/c164113-31060895.html.

习近平，2020．习近平在全国劳动模范和先进工作者表彰大会上的讲话[EB/OL].（2020-11-25）[2023-09-20]. http://jhsjk.people.cn/article/31943690.

习近平，2021．习近平向全国广大劳动群众致以节日的祝贺和诚挚的慰问[N].光明日报，2021-05-01（1）.

习近平，2022．习近平致首届大国工匠创新交流大会的贺信[EB/OL].（2022-04-27）[2023-09-25]. https://www.gov.cn/xinwen/2022/04/27/content_5687517.htm.

亚里士多德，2017．尼各马可伦理学[M]．廖申白，译注．北京：商务印书馆.

杨锡璋，高炜，中国社会科学院考古研究所，2003．中国考古学（夏商卷）[M]．北京：中国社会科学出版社.

杨向奎，1962．中国古代社会与古代思想研究[M]．上海：上海人民出版社.

姚荣启，2020．中国劳模史（1932—1979）[M]．北京：中国工人出版社.

叶圣陶，2007．叶圣陶教育名篇[M]．北京：教育科学出版社.

袁国，徐颖，张功，2020．新时代劳动教育教程[M]．北京：航空工业出版社.

张庆熊，2015."劳动光荣"：以马克思劳动价值理论建构社会主义核心价值观[J]．毛泽东邓小平理论研究（1）：62-68，92.

张巍，2006．郑州商城研究[M]．郑州：河南人民出版社.

张现民，2015．钱学森年谱（下）[M]．北京：中央文献出版社.

张志，邬思源，2021．新中国成立以来高校劳动教育的发展历程及其经验探析[J]．青年发展论坛（3）：71-81.

赵鑫全，张勇，2020．新时代大学生劳动教育[M]．北京：机械工业出版社.

中共中央、国务院，2020．关于全面加强新时代大中小学劳动教育的意见[EB/OL].（2020-03-26）[2023-09-20]. https://www.gov.cn/zhengce/202003/26/content_5495977.htm?eqid=f058209c000670cb00000003645d91b4.

中共中央宣传部宣传教育局，2019.《新时代公民道德建设实施纲要》学习读本[M]．北京：人民出版社.

中华人民共和国教育部，2020．教育部关于印发《大中小学劳动教育指导纲要（试行）》的通知[EB/OL].（2020-07-07）[2023-09-20]. http://www. gov.cn/zhengce/zhengceku/2020-07/15/content_5526949.htm.

周才珠，齐瑞端，2009．墨子全译[M]．修订版．贵阳：贵州人民出版社.

朱熹，2016．四书章句集注[M]．北京：中华书局.